自清洁增透薄膜技术及应用

Self-cleaning and Antireflective Thin Film Technology and Application

贺军辉 著

科学出版社

北京

内 容 简 介

　　纳米科学和技术是当今最为活跃的科学技术研究前沿,其中有关薄膜、涂层和表面的研究因其在许多技术领域的重要应用前景而备受关注。本书从应用需求、自清洁和增透薄膜的定义、结构特征、工作原理、制备和表征方法、仪器设备、研究进展、产业化、具体应用及未来发展方向几个方面,主要结合作者团队自身开展的研究工作和取得的研究成果,较全面地介绍了自清洁增透薄膜技术及应用。

　　本书不仅可作为参考书供初涉该领域的本科生、研究生学习基本知识使用,为中小学、大学和研究生教育提供教学素材,也可为在该领域从事研究、开发、生产和投资的科研人员、工程技术人员、投资人提供参考。

图书在版编目(CIP)数据

自清洁增透薄膜技术及应用/贺军辉著. —北京:科学出版社,2020.9
ISBN 978-7-03-065693-3

I. ①自… Ⅱ. ①贺… Ⅲ. ①薄膜技术 Ⅳ. ①TB43

中国版本图书馆 CIP 数据核字(2020) 第 125015 号

责任编辑:周　涵　杨　探/责任校对:杨　然
责任印制:赵　博/封面设计:无极书装

科 学 出 版 社 出版
北京东黄城根北街 16 号
邮政编码:100717
http://www.sciencep.com

北京厚诚则铭印刷科技有限公司印刷
科学出版社发行　各地新华书店经销
*
2020 年 9 月第　一　版　开本:720×1000　1/16
2025 年 1 月第三次印刷　印张:7
字数:87 000
定价: 58.00 元
(如有印装质量问题, 我社负责调换)

前　言

自纳米科学和技术在全球掀起巨大的研究热潮以来，作为其中一个重要的研究方向，功能纳米材料吸引了来自政府、科研、教育和工业界的广泛关注和大量投入，相关研究开发工作也得到了快速发展，并取得了丰富的研究成果。功能纳米材料一个重要的应用领域是功能纳米结构薄膜和涂层。功能纳米结构薄膜和涂层在能源、环境、建筑、车辆、飞机、船舶、电子器件、移动通信等领域有着广泛而重要的应用，其可控制备、结构和性能调控也是当前纳米科学和技术的热点基础研究领域。大量令人振奋的研究结果向世人展示了极具吸引力的应用前景。本书从应用需求、自清洁和增透薄膜的定义、结构特征、工作原理、制备和表征方法、仪器设备、研究进展、产业化、具体应用及未来发展方向几个方面，主要结合作者团队自身开展的研究工作和取得的研究成果，较全面地介绍了自清洁增透薄膜技术及应用。本书不仅可作为参考书供初涉该领域的本科生、研究生学习基本知识使用，为中小学、大学和研究生教育提供教学素材，也可为在该领域从事研究、开发、生产和投资的科研人员、工程技术人员、投资人提供参考。

本书汇集的研究工作得到了国家重点研发计划前沿科技创新专项(2019QY(Y)0503)、国家高技术研究发展计划 (863 计划) (2011AA050525)、中国科学院知识创新工程重要方向项目 (KGCX2-YW-370, KGCX2-EW-304-2)、国家自然科学基金项目 (21571182)、国家重点研发计划(2017YFA0207102)、北京市先导与优势材料创新发展专项 (Z1511000033

15018) 的经费支持,与和智创成 (北京) 科技有限公司、东莞南玻太阳能玻璃有限公司、光为绿色能源科技有限公司、上海宜瓷龙新材料股份有限公司、山东金晶科技股份有限公司、北京迅维绿能科技有限公司、常州亚玛顿股份有限公司等开展了交流和合作,姚琳、许利刚、耿志、金斌斌、任婷婷、李彤、朱家艺、刘湘梅、李晓禹、杜鑫、汪英、王凯凯、张志晖、庞子力、何溥等研究生和科研人员参加了相关研究工作,庞子力参与了本书的封面设计,在此一并表示衷心的感谢!

贺军辉

2020 年夏　北京

目　　录

第 1 章　引　　言

随着煤、石油、天然气等一次能源的逐渐枯竭及其使用造成的环境恶化，人类迫切需要发展对环境友好的可再生能源。可再生能源包括太阳能、风能、生物质能、潮汐能、盐差能、氢能和核聚变能等，其中太阳电池利用光电转换将太阳能直接转换为电能，是使用太阳能的最直接、最有效方式。近十年来硅系 (单晶硅、多晶硅、非晶硅) 太阳电池发展迅速，光电转换效率和稳定性显著提高，成本显著降低，并实现了大规模应用 (图 1.1)。新型太阳能电池的研究也呈现一片繁荣的景象，例如，染料敏化太阳能电池、量子点敏化太阳能电池、薄膜太阳能电池、有机聚合物太阳能电池、钙钛矿太阳能电池等。其中，钙钛矿太阳能电池发展迅速，光电转换效率快速提升至接近硅系太阳电池，但电池的稳定性和使用寿命有待提高，其生产、使用和报废带来的潜在环境影响不容忽视。不断提高太阳光的利用率、光电转换效率及降低太阳能电池制造成本始终

图 1.1　陆地和水面上的太阳能电站

是太阳能电池技术及产业发展的长期目标和需要解决的关键问题。太阳光的表面反射导致近 10% 的太阳光损失，是影响太阳光利用率和太阳电池光电转换效率的一个重要因素，因此减少表面对太阳光的反射无疑是提高太阳光利用率和太阳电池光电转换效率的重要途径之一。

另一方面，太阳电池长期在户外使用时，光照表面不可避免地受到灰尘、有机污染物等的覆盖和污染，妨碍太阳光进入电池内部，从而降低了太阳光的利用率和太阳电池的光电转换效率，并影响太阳电池工作稳定性和可靠性。据估计，太阳电池组件因表面污染发电量降低约 7%，而短时间的表面灰尘覆盖则可使太阳电池的发电量降低近 60%，甚至更严重。尽管人工清洗可以消除污染和灰尘覆盖，研究人员也在研究开发机械自动冲洗设备 (图 1.2)，但随着太阳电池组件的大规模使用，发展表面自清洁太阳电池组件迫在眉睫。

图 1.2　太阳电池的人工清洗和机械清洗

进入 21 世纪，纳米科学和技术迅猛发展，在能源 (能量转换、能量储存、能源产生、能源再生、提高能源效率) 领域逐步显现出巨大的应用前景。因此，将纳米技术与能源技术汇聚起来，一方面可大大推进纳米技术的基础和应用研究；另一方面也为解决能源所面临的重大问题提供了新的手段和机遇。目前，纳米技术在诸如太阳电池、燃料电池、催化转化、储氢、光解水制氢等能源领域已显现出十分诱人的前景，例如，利用纳米结构，可减少表面反射，增加光谱吸收，提高光电转换效率；利用纳米结构，可获得特殊表面润湿性能，达到自清洁效果。利用纳米结构减反增透，是目前国际上提高太阳电池光电转换效率研究方面的热点之一，也是光伏行业关注的产业化热点之一，国内针对太阳光表面减反增透问题，积极开展了利用纳米结构涂层调控光传输实现对宽光谱减反增透的研究，并取得了重要进展。现今太阳电池基板以高白浮法玻璃为基片，透射率为 89%～91%[1,2]。如果将透射率提高 8% 以上，预期在其他条件不变的情况下可以提高太阳电池光电转换效率 3%～5%。自清洁表面的构筑、研究和应用是国际上纳米科学和技术的另一个研究热点，中国在该领域开展了卓有成效的研究，不断取得重要进展，引领着该领域的进步。倘若将自清洁性能运用在太阳电池组件上，不仅将提高发电量，还将减少日常维护，提高户外使用寿命和改善可靠性。因此，通过表面工程理性设计和制备太阳电池组件表面的纳米结构，是一种有效地提高其太阳光能量利用率，消除污染物影响，进而提高太阳电池光电转换效率和工作可靠性的方法。

除了在各种太阳能电池上的应用，自清洁增透薄膜也可广泛应用于其他领域，例如，平板电视，台式、便携和平板计算机，智能手机，安防设备，各种交通工具 (自动驾驶)，玻璃幕墙，外墙涂层等 (图 1.3)。自清洁增透薄膜与其他功能的复合则可以进一步拓展其在绿色能源、清洁环境、节能环保、生物医学、医用装备、航空航天及国防建设等方面的应用。

图 1.3　自清洁增透薄膜的潜在应用领域包括各种显示屏、光学器件、交通工具、玻璃幕墙等

　　针对太阳电池组件等表面自清洁和减反增透问题,我们于 2009 年率先提出并开展了利用纳米结构同时调控表面润湿性和光传输的基础研究,掌握了自清洁及减反射薄膜自清洁和宽光谱减反增透纳米结构的工作机理与设计方法。研究表明,通过调节涂层的孔隙率和厚度,基于 Wenzel 和 Cassie-Baxter 模型、菲涅耳反射方程和四分之一光波长设计理论,可能找到最优的涂层组分、涂层折射率、涂层厚度和涂层粗糙度,来制备理想的减反增透超亲水防雾自清洁涂层或者减反增透超疏水自清洁涂层。然而,同时对涂层的组分、折射率、厚度和粗糙度进行调控并实现最佳的性能平衡无疑是巨大的挑战。SiO_2 基纳米材料由于具有高的热和机械稳定性、相对低的折射率和容易黏附在玻璃基底上等优点,作为

构筑粒子在减反增透、超亲水、超疏水、低介电常数和低折射率涂层的制备中引起了人们的广泛关注。在基底上构筑多孔涂层可以通过直接采用 SiO_2 溶胶或者采用设计制备的构筑粒子来实现。为了寻找合适的构筑粒子，我们开展了单 (双或多) 组分阶层纳米结构涂层的模块制备和组装技术的研究；设计和合成了多种形貌、结构和尺寸的纳米粒子，包括 SiO_2、TiO_2 等实心粒子，类似覆盆子结构粒子，介孔粒子，特殊形貌介孔纳米粒子，阶层介孔粒子，空心粒子，双壳空心粒子，介孔空心粒子，特殊表面性质纳米粒子，纳米片，介孔纳米棒，介孔纳米线，有机/无机复合纳米粒子和无机/无机复合纳米粒子等纳米结构及其修饰结构，并用这些模块作构筑单元，采用旋涂、滚涂、喷涂、直接提拉 (浸涂)、静电层层自组装等方法，制备了具有减反增透、超亲水自清洁或超疏水自清洁、防雾等功能的多功能涂层；深入探讨了集成自清洁和减反增透功能的途径与方法，发展了有关纳米结构制备方法，同时实现了自清洁功能和从紫外到近红外的宽光谱减反增透，并具有大面积、低成本、易于产业化的特点。在不断提高性能的同时，进一步提高表面结构的机械强度、环境稳定性及使用寿命。这些研究工作的产业化不仅将为发展新型、高效太阳电池组件和推进太阳能光伏发电、太阳能建筑一体化等做出积极贡献，也将广泛应用于平板电视，台式、便携和平板计算机，智能手机，安防设备，各种交通工具 (自动驾驶)，玻璃幕墙，外墙涂层等领域，为绿色能源、清洁环境、节能环保、生物医学、医用装备、航空航天及国防建设等做出应有的贡献。

第2章 减反增透和自清洁表面的工作原理

2.1 减反射的原理

当光从一种介质到达另一种介质时，由于两种介质总是存在折射率的差异，因此会发生光反射。而减反射薄膜可以有效降低光在基底表面的反射，增加光的透射，从而可以提高光学元件在某一波长或者波段内的光学性能 [3,4]。缩小不同光学介质折射率的差距，这是设计减反射薄膜的基本思路。

首先，以单层减反射薄膜为例。如图 2.1(a) 所示，入射光以一定的入射角照射在薄膜表面，并在薄膜表面发生第一次反射，而后折射光在基底表面重复上述过程，进行第二次反射，两次反射均在薄膜的同一侧。假如它们的相位差为 180°，则会发生干涉相消，达到减反射效果。入射光波长为 λ，入射角为 θ 时单层薄膜的矩阵为 [5]

$$
\begin{bmatrix} B \\ C \end{bmatrix} = \begin{bmatrix} \cos\delta & \dfrac{\mathrm{i}}{n}\sin\delta \\ \mathrm{i}n\sin\delta & \cos\delta \end{bmatrix} \begin{bmatrix} 1 \\ n_{\mathrm{s}} \end{bmatrix} \tag{2.1}
$$

其中，B 和 C 分别是平行于薄膜与入射介质间界面的电场和磁场的分量。介质的光学导纳为 $Y = \dfrac{C}{B}$，界面的反射率为 $R = \left| \dfrac{n_0 - Y}{n_0 + Y} \right|^2$，$n_0$ 为入射介质的折射率。薄膜的相位厚度为 $\delta = 2\pi d \cos\dfrac{\theta}{\lambda}$，$\delta$ 表示光穿过薄膜时的相位变化，θ 为入射光的入射角。假设两次反射光的振幅相同，它们发生干涉相消，反射消失。当入射光垂直入射时 ($\theta = 0°$)，薄膜的特征

矩阵为

$$Y = \frac{n^2}{n_{\mathrm{s}}} \tag{2.2}$$

$$R = \left| \frac{n_0 n_{\mathrm{s}} - n^2}{n_0 n_{\mathrm{s}} + n^2} \right|^2 \tag{2.3}$$

其中，n_0 为入射介质的折射率，n 为薄膜的折射率，n_{s} 为基底的折射率。

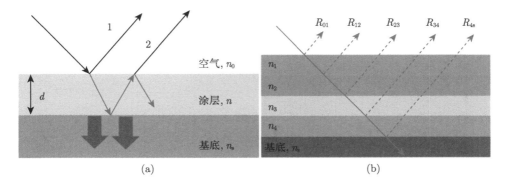

图 2.1 单层 (a) 和多层 (b) 减反射薄膜的示意图

因此，根据式 (2.2) 和式 (2.3)，可以得出单层膜发生减反射现象 ($R = 0$) 必须满足的条件。

(1) 薄膜的光学厚度必须是四分之一入射光波长的奇数倍，即

$$\text{光学厚度} \, d = (2k+1)\frac{\lambda}{4} \quad \text{或} \quad \text{物理厚度} \, d = \frac{(2k+1)\lambda}{4n} \tag{2.4}$$

(2) 薄膜的折射率为入射介质和基底折射率乘积的平方根，即

$$n = \sqrt{n_0 n_{\mathrm{s}}} \tag{2.5}$$

多层减反射薄膜 (图 2.1(b)) 的基本原理不变，唯一区别为依赖于单个反射光线的矢量分析数学模型，相邻层 i 和 j 之间的界面 ij 的反射光如下 [6]：

$$R_{ij} = |R_{mn}| \exp\left[-2(\delta_i + \delta_j)\right] \tag{2.6}$$

其中，$|R_{mn}| = \left[\dfrac{n_i - n_j}{n_i + n_j}\right]$，相位厚度 $\delta_i = 2\pi n_i \cos\theta_i d_i/\lambda$，$\theta_i$ 为折射角，d_i 为第 i 层薄膜的厚度，λ 为入射光的波长。如图 2.1(b) 所示，反射光来自于每个界面，因此总的反射矢量可以表示为

$$R_{\text{sum}} = R_{01} + R_{12} + R_{23} + R_{34} + R_{4\text{s}} \tag{2.7}$$

$$R_{01} = |R_{01}| \tag{2.8}$$

$$R_{12} = |R_{12}| \exp\left[-2(\delta_1)\right] \tag{2.9}$$

$$R_{23} = |R_{23}| \exp\left[-2(\delta_1 + \delta_2)\right] \tag{2.10}$$

$$R_{34} = |R_{34}| \exp\left[-2(\delta_1 + \delta_2 + \delta_3)\right] \tag{2.11}$$

$$R_{4\text{s}} = |R_{4\text{s}}| \exp\left[-2(\delta_1 + \delta_2 + \delta_3 + \delta_4)\right] \tag{2.12}$$

因此，要达到最佳减反射效果，使 R_{sum} 最小化，需要调控各层薄膜的折射率和厚度。

单层或多层减反射薄膜只能实现特定波长或某个波段的减反射。为实现宽波段、宽角度减反射，可设计和制备梯度折射率减反射薄膜。梯度折射率材料可以被看成是一种具有轴向梯度变化折射率的非均质材料 [7,8]。梯度折射率减反增透薄膜的折射率有多种不同的函数变化 [9,10]，如下所示：

线性函数变化：$n = n_0 + (n_{\text{s}} - n_0)t,\ 0 \leqslant t \leqslant 1$ \hfill (2.13)

三次方函数变化：$n = n_0 + (n_{\text{s}} - n_0)(3t^2 - 2t^3)$ \hfill (2.14)

五次方函数变化：$n = n_0 + (n_{\text{s}} - n_0)(10t^3 - 15t^4 + 6t^5)$ \hfill (2.15)

其中，n 为薄膜的折射率，n_{s} 和 n_0 分别为基底和入射介质的折射率。这三种函数变化中，当折射率以五次方函数变化时，减反射的效果最佳 [11]。

经过长期演化，自然界中出现了多种具有减反射功能的微/纳结构

表面。例如，研究发现蛾眼表面具有减反射功能[12,13]。图 2.2(b)~(e) 为蛾眼表面的扫描电子显微镜像，其表面具有次波长 300 nm 周期、250 nm 突起的结构 (称为角膜乳突)，这些结构组成高度有序的六方阵列 (图 2.2)[14]。这种特殊阵列结构不仅尺寸小于可见光波长，而且有效地充当空气和眼睛介质之间的连续折射率梯度，确保入射光不会遇到折射率突变而被反射。结构化的眼睛表面使蛾在黑暗中能清晰地看到外界环境并且减少来自其复眼的光反射，以避免被夜间捕食者发现。这种特性使得蛾眼结构成为自然界中最有效的减反射结构之一。表 2.1 列出了一些自然界中典型的具有特殊减反射结构以及有趣性能的生物表面。

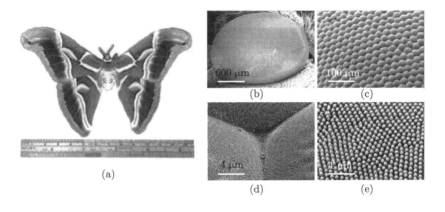

图 2.2　(a) 成熟的蛾；(b)~(e) 不同放大倍数的蛾眼表面扫描电子显微镜像

生物所展示的多样化的有序微/纳结构和近乎完美的功能，为仿生材料的研究开发提供了设计灵感。近几年，基于仿生制备的具有微/纳结构阵列的减反射材料得到了迅速发展，其可以有效抑制光反射，提高透射率和吸收率，并最终决定相关光学器件的性能[34,35]。例如，研究人员通过多种方法制备了具有宽光谱、宽角度减反增透性能的仿蛾眼结构，在太阳能电池、显示屏、智能玻璃等领域都有广泛的应用前景[36−39]。

表 2.1   典型的具有特殊减反射结构以及有趣性能的生物表面

生物表面	减反射结构	减反射机理	功能	参考文献
蛾眼	纳米乳突结构	连续梯度折射率	减反射，防雾	[15]
蝴蝶眼睛	纳米乳突结构	连续梯度折射率	减反射	[16]
蛾翅膀	纳米柱结构	连续梯度折射率	减反射	[17]
蝴蝶翅膀	阶层结构（平行脊，倾斜脊，准蜂窝结构，平行板结构，纳米柱，纳米孔结构等）	相干相消，多重折射，连续梯度折射率	减反射，光捕获，防雾，超疏水	[18−21]
复眼	纳米乳突结构	连续梯度折射率	减反射，防雾	[22, 23]
蚊子眼睛	纳米乳突结构	连续梯度折射率	减反射，防雾，超疏水	[24, 25]
蝉翅膀	纳米乳突结构	连续梯度折射率	减反射，超疏水，抗菌	[26−28]
蝶角蛉	纳米乳突结构	连续梯度折射率	减反射	[29]
端足类生物身体	纳米突起结构和单层球	连续梯度折射率，λ/4 减反射	减反射	[30, 31]
天堂鸟羽毛	修饰的内齿层结构	多级光散射	减反射，结构吸收	[32]
甲虫眼睛	迷宫结构	连续梯度折射率	减反射	[33]

　　玻璃是日常生活中常用的一种光学材料，普通玻璃的折射率一般为1.52，空气的折射率为 1，根据式 (2.5) 可知，玻璃表面减反膜的最佳折射率应该为 1.22。然而，遗憾的是自然界中具有这样低折射率的材料稀少而且昂贵[40]。通过构筑多孔结构，赋予薄膜一定的孔隙率，可以有效降低薄膜的表观折射率，这是制备减反增透薄膜的有效途径[41−46]。例如，多孔硅被广泛应用于太阳能电池表面，可以减少电池表面对太阳光的反射，提高电池的光电转换效率[47]。相较于干涉型减反射膜，多孔减反射膜的减反效果与光线的入射角并无太大关联[48]。

　　一个理想的符合实际应用条件的减反增透薄膜需满足以下四个条件：第一，宽光谱减反增透，包括紫外、可见、近红外等区域；第二，宽角度减反增透，即改变入射角时，薄膜均能保持良好的减反增透效果；第三，薄膜具有良好的机械强度，包括硬度、黏附力、耐磨性能、耐擦洗性能和耐沙冲击性能等；第四，耐候性能，即在环境温度、湿度、照射等条件下的稳定性。

2.2 自清洁的原理

自清洁材料是指在自然条件下能保持自身清洁的材料，具体是指黏附在表面的污染物或灰尘在雨水、风力或者太阳光等自然外力的作用下能够滚落或发生降解的材料，材料本身还可能具有除臭、抗菌、抗霉、防污等多重功能。在实际应用中，这类材料无须清洗，可以显著降低清洁成本，节省人力物力。由特殊表面浸润性 (wettability) 得到的自清洁材料分为两大类：一类是超亲水性材料 (水接触角 (WCA) < 5°，水滴铺展时间 < 0.5 s)；另一类是超疏水性材料 (WCA > 150°，滚动角 (SA) < 10°)。两种材料都可以依靠与水的接触而达到自清洁的目的。

2.2.1 源于特殊表面浸润性的自清洁

浸润性是固体表面的一个重要性质，在自然界、生产活动及日常生活中到处可见并起着重要作用，与人们的生活息息相关。浸润是指表面上气体被液体取代的过程。以热力学角度看，当液体和固体表面接触后，体系表面的自由能降低的现象叫浸润。研究表明，固体表面的浸润性是由其化学组成、微观和宏观几何结构共同决定的 [49-54]。另外，光、电、热等外场对表面的浸润性也有很大的影响 [55]。

最能直观反映固体表面浸润性的参数是接触角，包括静态和动态接触角。当液滴置于固体表面时，由于固–液–气三者之间的表面张力形成一个平衡的稳定状态，此时在固–液–气三相接触点作气–液界面的切线，此切线与固体界面之间的夹角称为液滴在该固体表面的接触角 (θ)。

1. 杨氏方程

杨氏方程 (Young's equation) 是描述接触角的最基本理论模型，故又称为杨氏模型。该模型是基于理想的平坦光滑固体表面提出的，忽略了诸如表面粗糙度、液滴大小、液滴蒸发、表面膨胀、蒸气凝结和化学不均匀性等因素。热力学平衡态下的接触角与界面张力的关系可用杨氏方程表示 [56]：

$$\cos\theta = (\gamma_{SV} - \gamma_{SL})/\gamma_{LV} \tag{2.16}$$

其中，γ_{SV}、γ_{SL} 和 γ_{LV} 分别表示固–气、固–液和液–气的界面张力；θ 为固–液–气三相平衡的接触角，也称为本征接触角 (图 2.3(a))。

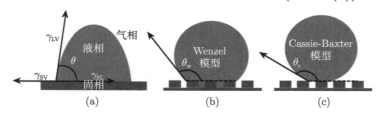

图 2.3　(a) 光滑表面的液滴；(b) Wenzel 模型表面的液滴；(c) Cassie-Baxter 模型
表面的液滴

从式 (2.16) 中可以推导出表面浸润性的四种常见情况，当 $\gamma_{SV}-\gamma_{SL} = \gamma_{LV}$ 时，$\theta = 0°$，表面显示超亲水性；当 $\gamma_{SV} - \gamma_{SL} > 0$ 时，$0° < \theta < 90°$，表面显示亲水性；当 $\gamma_{SV}-\gamma_{SL} < 0$ 时，$90° < \theta < 180°$，表面显示疏水性；当 $\gamma_{SV} - \gamma_{SL} = -\gamma_{LV}$ 时，$\theta = 180°$，表面显示理想的超疏水性。

杨氏模型没有考虑表面结构对润湿性的影响，表面润湿性仅与化学组成有关。然而，研究人员发现即便用具有最低表面能的物质修饰，修饰后表面的水接触角也只有约 120°。然而自然界中一些植物叶子表面的水接触角可高达 160°。这也表明杨氏方程因其理想的平坦光滑固体表面假设而具有一定的局限性，只适用于无限光滑的表面。

实际的固体表面都存在一定的粗糙度和化学成分的多样性，表面的润湿性是由表面的化学组成和粗糙度共同决定的。于是，针对实际固体表面又提出了 Wenzel 和 Cassie-Baxter 两种模型。

2. Wenzel 模型 [57]

1936 年，Wenzel 提出 Wenzel 模型 (图 2.3(b))，引入粗糙度对浸润性的影响，将杨氏方程修正为

$$\cos \theta_{\mathrm{w}} = r \cos \theta \tag{2.17}$$

其中，θ_{w} 是粗糙表面的表观接触角；θ 是平滑表面的杨氏接触角；r 为粗糙度，是指实际固–液界面接触面积与表观固–液界面接触面积之比 (对于理想光滑表面 $r = 1$，对于粗糙表面 $r > 1$)。

在 Wenzel 模型中，液滴渗透到表面凹凸不平的结构中，液体对粗糙固体表面完全浸润，r 总是大于 1。因此根据式 (2.17) 可以推出，当 $\theta < 90°$ 时，θ_{w} 随着粗糙度的增加而减小，表面更亲水；当 $\theta > 90°$ 时，θ_{w} 随着粗糙度的增加而增大，表面更疏水。也就是说，表面粗糙度可以增加表面的润湿性。应当说明的是，Wenzel 模型只适用于热力学稳定的平衡状态。由于表面不均匀，液滴在表面铺展时需要克服高低起伏的势垒。另外，对于具有极高粗糙度或者多孔结构的表面润湿性，Wenzel 模型也无法成立，因为极高的粗糙度导致 $\cos \theta_{\mathrm{w}}$ 值大于 1 或小于 -1，而这在数学上是无法成立的。

3. Cassie-Baxter 模型 [58]

当固体表面由不同化学物质组成时，Wenzel 模型不再适用。于是，

Cassie 和 Baxter 在 1944 年提出了一个复合接触模型，如图 2.3(c) 所示。在该模型中，假设空气很容易被液滴截留在固体表面的凹槽内。在这种情况下，表观液–固界面其实是由两部分组成的，包括液–固界面和液–气界面。此时描述接触角的 Cassie-Baxter 模型概括了三个不同相的贡献：

$$\cos \theta_{c} = f_1 \cos \theta_1 + f_2 \cos \theta_2 \tag{2.18}$$

其中，θ_c 为复合表面的表观接触角，θ_1 和 θ_2 分别为两种介质的本征接触角，f_1 和 f_2 分别为两种介质在表面的面积分数。当其中一种介质是空气时，液–气的接触角 θ 为 $180°$ 且 $f_1 + f_2 = 1$，则式 (2.18) 简化为

$$\cos \theta_{c} = f \cos \theta + (1 - f) \cos 180° = f \cos \theta + f - 1 \tag{2.19}$$

上述方程所描述的接触角均为静态接触角。在实际情况中，由于表面化学物质的异质性、表面粗糙度以及表面重组的影响，不同的接触角会同时存在于一个界面上 [12]。液–固界面取代气–固界面后形成的接触角叫做前进接触角 $\cos \theta_{adv}$，而气–固界面取代液–固界面形成的接触角叫做后退接触角 $\cos \theta_{rec}$。如图 2.4 所示，固体表面的前进接触角比后退接触角大。前进接触角与后退接触角的差值称为接触角滞后。接触角滞后可以用来表征液体和固体表面的黏结性，其大小能够反映出液滴在固体表面滚动的难易程度。对于超疏水表面，接触角滞后作用很小，因此水滴在其表面呈球状并且极易滚落。当超疏水表面以一定的角度倾斜，超过某一角度时，液滴将从表面滚落，这一角度即为滚动角。滚动角的大小也代表了表面接触角滞后的大小。滚动角与接触角的关系可以由如下方程给出 [59]：

$$mg \sin \alpha / w = \gamma (\cos\theta_{rec} - \cos\theta_{adv}) \tag{2.20}$$

其中，α 为滚动角，m 和 w 分别代表液滴的质量和直径，g 是重力加速度，γ 为液滴的表面张力。接触角滞后越小意味着滚动角越小。

图 2.4　(a) 倾斜表面的接触角滞后的示意图；(b) 通过增加前进液滴或减小后退液滴体积
分别测量平整表面的前进接触角和后退接触角 [20]

　　荷叶表面是典型的超疏水自清洁表面。科学家通过电子显微镜研究了荷叶表面，发现荷叶表面由乳突与植物蜡组成 (图 2.5)，微/纳粗糙结构符合 Cassie-Baxter 模型 [20]。通常，灰尘比荷叶表面的乳突大，当水滴落在荷叶表面时吸附灰尘微粒，通过滚动将灰尘带离荷叶表面达到自清洁的效果 (图 2.5(b))。

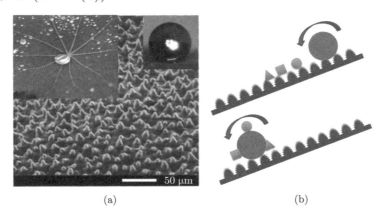

图 2.5　(a) 荷叶及其表面水接触角和扫描电子显微镜像；(b) 超疏水粗糙表面的自清洁

示意图 [20]

2.2.2　光催化自清洁

根据 1972 年 Fujishima 和 Honda 发现 TiO_2 半导体在光照下具有氧化还原性、可光电分解水分子的现象 [60]，以及 1977 年 Frank 和 Bard 发现 TiO_2 可以在水溶液中降解氰化物 [61]，科学家可为日益严重的能源危机和环境污染等问题找到清洁、安全、高效、节能的潜在解决方案：利用太阳光分解水制氢解决能源问题，利用太阳光分解有机污染物应对环境污染问题。在紫外线的照射下，TiO_2 展现出很强的氧化性，积累在 TiO_2 薄膜表面的大部分有机物可被降解为 CO_2、H_2O、NO_3^- 和其他简单化合物 [23−25]。同时，在紫外线照射下，TiO_2 薄膜表面接触角接近 $0°$，呈现出超亲水性能。良好的光催化性能和光致超亲水性能赋予 TiO_2 薄膜表面良好的自清洁性能 (图 2.6)。

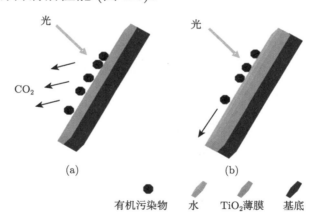

图 2.6　TiO_2 薄膜表面自清洁过程示意图

(a) 光催化降解有机污染物；(b) TiO_2 的光致超亲水性使水在其表面铺展，污染物容易被水带走

1. TiO_2 光催化的机理

TiO_2 具有三种晶相结构，分别是金红石 (rutile)、锐钛矿 (anatase) 和板钛矿 (brookite)，禁带宽度为 $3.0 \sim 3.6$ eV。在紫外线照射下，TiO_2

产生光生载流子 (电子和空穴)，在价带中的光生空穴扩散到 TiO_2 表面，与吸附在表面的水分子反应，产生羟基自由基，而电子可将吸附在 TiO_2 表面的氧分子或过氧化氢还原成超氧自由基或羟基自由基，羟基自由基和超氧自由基具有很高的氧化能力，可与有机物发生氧化反应，达到降解污染物的效果 (图 2.7)。

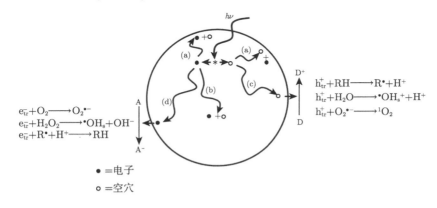

图 2.7　TiO_2 粒子受紫外线照射发生的一系列反应

2. 光致超亲水的机理

1995 年在 TOTO 公司实验室里意外发现 TiO_2 薄膜具有光致亲水性。在 TiO_2 薄膜制备过程中掺入一定量的 SiO_2 时，TiO_2 薄膜在紫外线照射下获得了超亲水性。Fujishima 研究组提出了详细并被广泛接受的光致超亲水的机理[62-65]。如图 2.7 和图 2.8 所示，当用紫外线照射薄膜时，TiO_2 的价带电子被激发到导带上，产生光生电子-空穴对，电子还原 Ti^{4+} 为 Ti^{3+}，空穴与表面桥氧离子反应形成氧空位。空气中的水分子解离吸附在氧空位处形成表面羟基[30]，羟基可进一步与水分子发生氢键作用，使薄膜呈现超亲水性[66]。当停止紫外线照射时，表面羟基慢慢被空气中的氧所取代，重新回到疏水状态[32]。光致超亲水产生的羟基自由基热稳定性差，容易使 TiO_2 薄膜的表面能发生变化 (图 2.8)。锐

钛矿 TiO_2 薄膜的光致超亲水性使水能够在薄膜表面完全铺展开而不会聚集成小液滴影响视线,同时由于其光催化作用,涂有 TiO_2 薄膜的物体表面可有效降解有机污染物,因而具有防雾和自清洁功能。

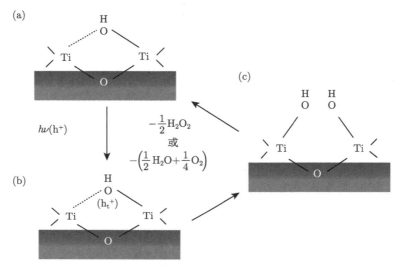

图 2.8　TiO_2 表面结构示意图 [28]

(a) 紫外线照前:羟基基团与氧空位键合;(b) 过渡态:光生空穴被晶格氧捕获;(c) 紫外线照后:形成新的

羟基基团

2.3　透明度和自清洁之间的矛盾关系

从表面粗糙度的角度出发,透明度和自清洁是两个相互矛盾的性质,对表面粗糙度的要求正好相反。一般来讲,水接触角会随着表面粗糙度增加而增大,然而由于粗糙表面对光的散射,透射率却会随着粗糙度的增加而下降 [67]。光散射一般可用瑞利散射理论 (Rayleigh scattering theory) 和米氏散射理论 (Mie scattering theory) 来描述。二者的前提假设是粗糙表面均由可以改变入射光方向的球形电介质粒子构成。针对不同的粗糙度,两个理论有各自不同的适应范围。当粗糙度远小于入射光的波长时，光散射主要为瑞利散射，此时散射光强度 I 可表示如下[68]：

$$\frac{I}{I_0} \propto \left(\frac{1}{R^2}\right)\left(\frac{d^6}{\lambda^4}\right) \tag{2.21}$$

其中，I 为散射光强度，I_0 为入射光强度，R 为检测器与粒子之间的距离，d 为构成薄膜粗糙度的粒子粒径，λ 为入射光波长。从这一比例关系中可以看出，散射光强度 (I) 与粒子粒径 (d) 成正比，即随着粒径减小，散射光强度会降低，换句话说，较低粗糙度有利于获得高透射率。一般情况下，检测器与粗糙表面 (粒子) 之间的距离 (R) 为几厘米，因此，根据上述关系，在可见光波长范围内，当薄膜表面的粗糙度远小于入射光波长时，瑞利散射可以忽略不计。

Lamb 等[69]曾研究粗糙度对透明超疏水薄膜的影响，通过实验和理论对比，发现当超疏水薄膜表面的粗糙度小于 200 nm 时，在可见光波段具有 90% 的透射率，同时水接触角大于 150°，滚动角小于 5°。然而，当粗糙度接近或远大于入射光波长时，米氏散射为主要光散射，总散射截面可以表示如下[70,71]：

$$\sigma_{\mathrm{M}} = \frac{\lambda^2}{2\pi}\sum_{m=1}^{\infty}(2m+1)\left(|a_{\mathrm{m}}|^2 + |b_{\mathrm{m}}|^2\right) \tag{2.22}$$

其中，a_{m} 和 b_{m} 为米氏系数，它们与球形颗粒的大小、形状及介质的折射率相关。Shu Yang 等研究了具有不同粒径的粒子在不同折射率材料表面的总散射截面，发现粒子直径 (粗糙度) 以及基底材料折射率的增加都会导致米氏散射的总散射截面呈指数增加 (图 2.9)。需要注意的是，这些结论都是建立在颗粒在空气中是球形的假设基础上。然而，在实际制备自清洁透明薄膜中，由于所使用的颗粒经常为不规则形状，并且材料可能具有梯度折射率，所以光在其表面的散射会更复杂。

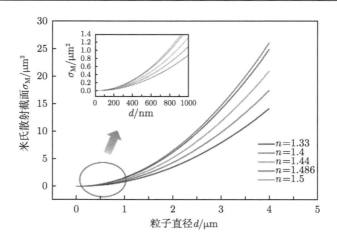

图 2.9　不同粒径对不同折射率材料的米氏散射截面的影响[69] (扫描封底二维码可看彩图)

2.4　薄膜力学性能

　　研究人员经常采用在基材表面覆膜的方式来改变其表面物理化学性质并获得新的功能。然而, 由于薄膜和基材之间在力学、化学、热学等方面存在性能差异, 因此在实际应用中, 一方面, 薄膜在外力、热等作用下容易产生与基底材料不相同的应力和应变, 导致薄膜产生形变乃至脱落, 失去原有的效果[72]; 另一方面, 薄膜自身的力学性质也决定了薄膜的应用。因此, 研究薄膜在基材上的力学性能对其实际应用具有重要意义。

　　由于薄膜和基材的多样性, 目前对于二者界面力学性质的定量研究还没有单一的表征手段。在实际应用中, 必须根据实际情况采用与之相适应的研究方法。目前, 评价薄膜和基材之间的界面力学性质有以下两种方式。

　　(1) 应力: 薄膜从基材上剥离时, 单位面积需要的力, 即薄膜和基材之间的结合强度, 包括界面拉伸强度和界面剪切强度。

　　(2) 能量: 薄膜从基材上分离单位面积需要的能量。从能量学的角度来看, 有界面韧性和界面断裂韧性等指标。需要注意的是, 能量表征和应力表征不能等价, 这两种评价指标没有对应关系。

对于薄膜自身的力学性能, 可简单类比于块体材料, 但又必须考虑所用基材因素。薄膜材料自身的硬度、韧性、应力及弹性性能都是重要指标, 它们会影响实际应用中薄膜耐受外力、热、湿度等能力。目前, 有多种评价薄膜力学性能的方法, 如拉伸法、划痕法、弯曲法、压痕法等。以下是几种常用的薄膜力学性能测量方法。

(1) 铅笔硬度。铅笔硬度通常按照 ASTM D3363 标准测试, 是一种粗略测量薄膜强度的方法。具体是将某特定硬度的铅笔在一定压力下, 以特定角度划过薄膜表面, 然后观察薄膜破损情况。需要注意的是, 该方法除了给出以铅笔硬度计的薄膜硬度, 更是大致评价薄膜综合力学性能的方法。

(2) 黏附力。黏附力可按照 ASTM D3359 标准, 采用划 X 法来测试。该方法是一种粗略测量薄膜和基底黏附力的方法。首先在薄膜上用刀片划出 X 形状的图案, 使得薄膜分为四个部分, 然后将胶带粘牢至 X 图案的中心, 撕下胶带, 观察划痕处的变化情况。

(3) 落沙测试。落沙测试按照 ASTM D968 标准进行, 是模拟沙尘对固体表面冲击的测试方法。材料表面薄膜耐受落沙冲击的强度与其硬度、基底的黏附力以及薄膜自身的强度等相关。具体操作为: 将一定的海沙匀速地从一定高度落下, 冲击呈一定倾斜角度的材料表面 (通常是 45°), 随后通过显微镜等手段观察薄膜表面受损情况。

(4) 耐擦洗测试。耐擦洗测试主要考察薄膜在湿擦情况下的耐受性能, 通常是在标准化的仪器 (如 Elcometer 1720 Abrasion Tester 等) 上, 采用带水 (去离子水) 海绵擦洗薄膜表面, 给定循环次数 (如 50 个擦洗循环等) 后观察薄膜表面受损情况。

(5) 耐磨测试。耐磨测试主要考察薄膜的耐摩擦性能，通常是在标准化的仪器 (如 Elcometer 5135 Taber Abraser) 上，采用 0.5 kg 的轮子，以 50 r/min 的转速摩擦薄膜表面后观察表面受损情况。

第3章　纳米结构构筑单元的制备和表征

纳米结构构筑单元是构筑宏观结构 (如薄膜、块体、器件等) 的基本单元, 发展纳米结构构筑单元的制备方法和技术具有重要的理论意义和应用前景。

1. 单分散 SiO_2 纳米粒子

按照 Stöber 方法, 以四乙氧基硅烷 (tetraethyl orthosilicate, TEOS) 为前驱体, 氨水为催化剂, 乙醇 (EtOH) 和水为溶剂, 可以很容易地合成不同粒径的单分散 SiO_2 纳米粒子 (表 3.1)[73]。

表 3.1　不同粒径的单分散 SiO_2 纳米粒子及其制备条件

编号	$NH_3 \cdot H_2O$ 体积/mL	EtOH 体积/mL	TEOS 体积/mL	H_2O 体积/mL	T/℃	d_n^a/nm
1	5	100	3	0	26	70.0
2	5	100	3	0	40	50.0
3	5	100	3	0	60	20.0
4	2.5	47.5	1.5	2.5	40	100.0
5	2.5	47.5	1.5	2.5	60	80.0

注: a d_n 表示 SiO_2 纳米粒子的平均粒径。

2. MCM-41 介孔 SiO_2 纳米粒子

MCM-41 是一种已知的有序介孔材料, 以十六烷基三甲基溴化铵 (CTAB) 为介孔模板和表面活性剂, 可以很容易地合成 MCM-41 介孔 SiO_2 纳米粒子 [74]。

3. 特殊形貌介孔 SiO_2 纳米粒子

我们利用 CTAB 作为造孔剂和表面活性剂, 布洛芬作为共结构调控剂, 采用溶胶–凝胶法制备了特殊形貌介孔 SiO_2 纳米粒子 MPSNP-2。

MPSNP-2 为非球形纳米粒子, 具有无规则介孔结构, 介孔尺寸约为 3.1 nm。相比球形介孔纳米粒子 MPSNP-1 (表 3.2), 非球形介孔纳米粒子 MPSNP-2 可以更有效地构筑高粗糙度的表面, 是理想的构筑单元。它们可以像海岸线上的防波堤墩 (tetrapods) 一样, 粒子之间互相交叠, 更好地增加涂层的稳定性。同时, 比球形介孔纳米粒子更高的孔体积, 可以赋予涂层更高的透射率[74]。

表 3.2　MPSNP-1 和 MPSNP-2 纳米粒子的物理化学特性

	d_{10}^a/nm	孔径^b/nm	比表面积/(m^2/g)	孔体积^c/(cm^3/g)
MPSNP-1	4.6	2.6	611	1.2
MPSNP-2	4.7	3.1	953	2.2

注: a 根据样品的小角 X 射线衍射 (SAXRD) 谱的 (10) 峰测定;
　　b 根据氮气吸附等温线, 用 BJH (Barrett, Joyner, and Halenda) 方法计算得出;
　　c 根据相对压力 0.99 时氮气的单点吸附量计算得出。

4. 类似覆盆子结构粒子

类似覆盆子结构粒子是一种仿覆盆子果实表面形貌的粒子, 以直径为 500 nm 的 SiO$_2$ 球形大粒子和直径为 50 nm 的 SiO$_2$ 球形小粒子为原料, 我们成功组装制备了形貌与天然覆盆子果实类似的 SiO$_2$ 复合粒子[75]。

5. 聚苯乙烯微球和空心 SiO$_2$ 纳米粒子

聚苯乙烯 (PS) 微球既是一种灵活的构筑单元, 也常常用作一种理想的牺牲模板。因此, 可控制备不同尺寸的单分散 PS 微球非常重要, 这促使我们发展了一种获得不同尺寸的单分散 PS 微球的无皂乳液合成方法[76]。通过该方法合成 500 nm PS 微球, 通过 Stöber 方法制备 50 nm 的球形 SiO$_2$ 纳米粒子, 再采用静电层层自组装法制备具有类似覆盆子结构的有机/无机复合纳米粒子。进一步煅烧后, SiO$_2$ 粒子与粒子之间部分烧结，制备出比较完好的空心球。空心球的球壳存在孔隙，这是由粒子堆积造成的几何孔隙。这种表面孔隙为水溶性分子的进出提供孔道。这种制备方法的优点在于不仅能很方便地通过调整模板粒子的大小和吸附的层数来调整与控制复合纳米粒子的大小以及复合纳米粒子的成分比例，也能根据需要调整空心球空腔的大小和球壳的厚度以及表面的功能基团 [77]。

我们还发明了一种更简易的制备 PS 球 (核)/SiO_2 纳米粒子 (壳) 覆盆子状复合粒子的方法。采用氧等离子体处理 PS 球表面，使 PS 球表面产生羟基和羧基，以便下一步在 PS 球表面生长 SiO_2 纳米粒子。选择两种粒径 (270 nm 和 615 nm) 的 PS 球作为核模板，采用氧等离子体处理之后，具有强氧化活性的氧等离子能和 PS 球表面发生反应，生成羟基和羧基。进一步采用溶胶–凝胶法，形成覆盆子状 PS 球 (核)/SiO_2 纳米粒子 (壳) 复合粒子。复合粒子经高温煅烧除掉 PS 球，可制备相应的空心球 [78]。

6. 乙醚乳液体系制备阶层结构的 SiO_2 纳米粒子

我们采用乙醚、乙醇和水作为混合溶剂，CTAB 作为稳定剂和造孔剂，氨水作为催化剂，TEOS 作为硅源，通过简单调节乙醇的加入量 (乙醇/乙醚体积比)，合成出一系列具有阶层结构的 SiO_2 纳米粒子，包括：介孔 SiO_2 空心球 (HNs)、具有阶层孔的 SiO_2 纳米粒子 (hierarchically mesoporous silica nanoparticles, HMSNs) 和介孔 SiO_2 纳米球 (表 3.3 和表 3.4)。制备的 HMSNs 具有新颖的阶层孔结构，即具有尺寸为 3 nm 左右的介孔和从粒子中心到粒子表面呈辐射状的孔尺寸逐渐变大的介孔 [79,80]。从透射电子显微镜图像来看，这种阶层孔纳米结构在结构上很像一棵树的树枝或者树枝状大分子，因此后来也被称作树枝状纳米粒子 (dendritic nanoparticles)，并应用于医学造影和药物缓释 [81,82]。

表 3.3　制备 SiO$_2$ 纳米粒子的实验参数及纳米粒子的形貌和尺寸

产物	乙醇体积/mL	乙醚体积/mL	乙醇/乙醚体积比	形貌	纳米球粒径[a]/nm
S0	0	20	0	介孔空心球	160~250
S0.5	10	20	0.5	具有阶层孔的纳米球	100~220
S1	20	20	1	具有阶层孔的纳米球	300~600
S1.5	30	20	1.5	多孔的纳米球	680~720
S∞	20	0	∞	多孔的纳米球	80~120

注：a 通过测量扫描电子显微镜照片中至少 100 个粒子而获得。

表 3.4　煅烧的介孔 SiO$_2$ 纳米粒子的物理化学性质

产物	d_{10}^a 值/nm	BET 比表面积[b]/(m^2/g)	孔径[c]/nm	孔体积[d]/(cm^3/g)
S0	3.38	869	2.6	1.58
S0.5	3.39	1078	2.7	1.01
S1	3.70	1080	2.7	0.97
S1.5	3.89	919	2.8	0.73
S∞	3.91	1010	2.5	0.85

注：a 从 SAXRD 谱中 (10) 衍射峰计算得出晶面间距；

b 利用 BET (Brunauer-Emmett-Teller) 方法由氮气吸附–解吸等温线的吸附曲线上相对压力在 0.05~0.2 范围内所取的六个数据点计算得出；

c 利用 BJH 方法从氮气吸附–解吸等温线的解吸曲线计算得出；

d 由相对压力 $P/P_0 = 0.98$ 时氮气的单点吸附量计算得出。

我们可以采用煅烧、萃取和后嫁接等方法，分别获得的不同的 HM-SNs 见表 3.5，煅烧：cal-HMSNs；萃取：ext-HMSNs；后嫁接：NH$_2$-ext-HMSNs。

表 3.5　煅烧、萃取和后嫁接的介孔 SiO$_2$ 纳米粒子的物理化学性质

产物	d_{10}^a 值/nm	BET 比表面积[b]/(m^2/g)	孔径[c]/nm	孔体积[d]/(cm^3/g)
cal-HMSNs	3.39	1078	2.5	1.01
ext-HMSNs	8.84	893	4.8	1.60
NH$_2$-ext-HMSNs	—	190	4.1,7~18	1.01

注：a 从 (10) 面的 SAXRD 峰计算得出晶面间距；

b 利用 BET 方法由氮气吸附–解吸等温线的吸附曲线上相对压力在 0.05~0.2 范围内所取的六个数据点计算得出；

c 利用 BJH 方法从氮气吸附–解吸等温线的解吸曲线计算得出；

d 由相对压力 0.98 时氮气的单点吸附量计算得出。

7. 利用十二烷基硫醇体系制备介孔 SiO_2 空心球

我们采用 CTAB 作为表面活性剂，1-十二烷基硫醇 (C_{12}-SH) 作为油滴模板或者共表面活性剂，1, 3, 5-三甲基苯 (TMB) 作为孔膨胀剂或者油滴膨胀剂，通过调节 TMB 的用量和磁力搅拌速度，成功地制备出尺寸小于 100 nm 的具有各种形貌和结构的介孔 SiO_2 纳米粒子 (表 3.6)，包括：不同孔径的介孔 SiO_2 纳米粒子 (S3 和 S5)，表面具有薄的密实壳层的介孔 SiO_2 纳米粒子 (S1)，不同空腔尺寸的介孔 SiO_2 空心球 (S4 和 S6) 和表面具有薄的密实壳层的介孔 SiO_2 空心球 (S2)，并提出了可能的形成机理，快速磁力搅拌促使 C_{12}-SH 以微小油滴的形式存在，TMB 的加入增加了微小油滴的尺寸[83]。表 3.7 列出了这些多孔 SiO_2 纳米粒子 S1~S6 的物理化学性质，它们具有纳米尺度孔径和高的比表面积。

表 3.6 合成参数和产物形貌

样品	搅拌速率/ (r/min)	TMB/CTAB 摩尔比值	形貌a	粒径b /nm	空腔尺寸b /nm
S1	600	0	表面具有薄的密实壳层的 介孔 SiO_2 纳米粒子	96±16	—
S2	2600	0	表面具有薄的密实壳层的 介孔 SiO_2 空心球	77±13	16±8
S3	600	2	介孔 SiO_2 纳米粒子	87±15	—
S4	2600	2	介孔 SiO_2 空心球	72±19	34±12
S5	600	4	介孔 SiO_2 纳米粒子	78±12	—
S6	2600	4	破碎了的介孔 SiO_2 空心球	—	—

注：a 样品的形貌和结构从扫描电子显微镜图和透射电子显微镜图观察得到；
　　b 粒子和空腔的尺寸通过测量透射电子显微镜图中至少 50 个粒子计算得到。

8. 硬脂酸和氟硅烷共修饰的疏水 SiO_2 空心球纳米粒子的制备

我们首先采用如图 3.1 所示硬脂酸 (STA)，然后采用氟硅烷 (POTS) 修饰单分散性的 SiO_2 空心球纳米粒子 (HSN) (粒径 ~53 nm)，得到 STA

和 POTS 共修饰的疏水 SiO$_2$ 空心球纳米粒子 (SHSNs)[84]。

表 3.7　多孔 SiO$_2$ 纳米粒子 S1~S6 的物理化学性质

样品	比表面积a /(m^2/g)	孔径b /nm	孔体积c /(cm^3/g)
S1	790	3.04	1.56
S2	539	4.27	1.91
S3	787	4.24	1.75
S4	815	2.80	2.26
S5	738	4.30	1.88
S6	651	2.72	2.58

注：a 采用 BET 方法由相对压力在 0.04~0.25 范围内氮气吸附–解吸等温线上的 6 个数据点计算得出；

b 采用 BJH 方法由氮气吸附–解吸等温线的吸附曲线计算得出；

c 由相对压力为 0.98 时的单点氮气吸附量计算得出。

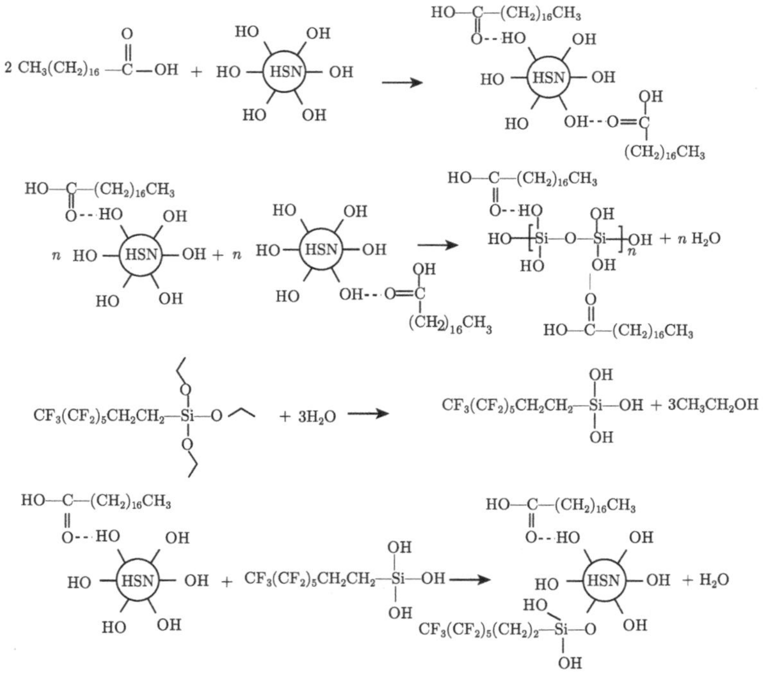

图 3.1　STA 与 HSN 的化学反应，SHSNs 之间的聚集，POTS 水解以及水解的 POTS 与 SHSN 反应的示意图

图中虚线代表氢键

9. SiO₂-TiO₂ 复合粒子

TiO_2 因其奇特的物理化学性质而一直备受科学家的关注，并已经被广泛用于各个领域，例如，染料敏化太阳能电池、光解水制氢、光催化降解有机污染物、抗菌涂层等。在这些应用中，TiO_2 自清洁涂层可以利用太阳光和降雨保持表面清洁，是非常有前景和吸引人的研究方向。目前，自清洁涂层因其可以降低维护成本，已经实际应用于建筑材料，其自清洁的原理是利用 TiO_2 高的光催化活性来分解有机污染物，同时，其在紫外线照射下的超亲水性能也产生良好的防雾性能。然而，TiO_2 高的折射率，使它在太阳能电池、温室和建筑玻璃幕墙等应用时，必须同时考虑自清洁和维持高透射率的问题。TiO_2 的比例要相对低一些才能尽可能降低整体涂层的有效折射率。然而，TiO_2 含量降低不利于光催化自清洁性能。因此，制备 TiO_2 自清洁减反射涂层需要深入研究如何平衡光催化性能和光透射率两方面因素。一种有效的方法就是制备 TiO_2 与 $SiO_2(n \approx 1.5)$ 等其他低折射率材料的复合涂层。

层层自组装方法可以很便捷地实现化学组分的调节和在多种基底上可控构筑自清洁减反射涂层。利用这种方法，科学家制备出了 TiO_2 纳米粒子和 SiO_2 亚微米粒子的自清洁减反射涂层。Fujishima 等利用 SiO_2 纳米粒子和 TiO_2 纳米片构筑了自清洁涂层[85]。Rubner 等采用层层自组装方法用带有不同电荷的 TiO_2 和 SiO_2 纳米粒子制备出了自清洁减反射涂层[86]。纳米粒子通过传统方法合成出来后，需要进一步煅烧来提高其结晶性，从而提高其光催化活性。然而，热处理过程同时会导致粒子团聚和粒径改变 (通常变大)，这种变化不利于组装涂层的光催化性能。因此，制备高分散性 TiO_2 纳米粒子构筑的具有优异减反射和光催化自清洁性能的涂层，仍然是一大挑战。

我们以 TEOS 和钛酸四异丙酯 (TIPT) 为前驱体，采用一锅反应成功制备出了一系列覆盆子状 SiO_2-TiO_2 核–壳纳米粒子 (表 3.8)。在球形 SiO_2 核表面的 TiO_2 纳米粒子的粒径可以通过 TIPT/TEOS 的体积比来调控。由于被成功固定在球形 SiO_2 核上，这些小粒径的 TiO_2 纳米粒子可以避免团聚，保持其原有的高比表面积。研究发现，这些覆盆子状结构 SiO_2-TiO_2 复合粒子表面的 TiO_2 小粒子为锐钛矿相，表现出很高的光催化性能。我们采用层层自组装技术，用 SiO_2-TiO_2 核–壳纳米粒子制备出了高减反射性能和光催化自清洁性能涂层。煅烧处理后，TiO_2 壳转变成了锐钛矿相的纳米粒子，避免了煅烧引起的团聚。这些涂层无论有无紫外线照射，都具有非常好的超亲水性能。涂层可以光催化降解吸附在其表面的亚甲蓝 (MB) 分子，表现出了很好的自清洁性能[87]。

表 3.8   煅烧前 SiO_2-TiO_2 核–壳纳米粒子的制备条件

样品	TEOS 体积 /mL	EtOH 体积 /mL	$NH_3 \cdot H_2O$ 25%体积/mL	H_2O 体积 /mL	T/℃	TIPT 体积 /mL	d_n^a/nm	d_c^b/nm	S^c/nm
ST30	2.3	60	3	0	40	2.9	30.3	28.6	2.7
ST40	2.3	60	3	0	50	2.9	42.3	31.3	3.1
ST50	2.3	60	3	1	50	2.9	49.8	42.2	7.5
ST55	2.3	60	3	0	30	2.9	56.0	51.6	4.6
ST75	2.3	60	3	1	40	2.9	76.8	72.5	6.4
ST110	2.3	60	3	1	30	2.9	111.4	105.4	9.8

注：a d_n 为未锻烧的 SiO_2-TiO_2 纳米粒子的平均粒径；

b d_c 为 SiO_2-TiO_2 纳米粒子的 SiO_2 核的平均粒径；

c S 为粒径 (d_n) 分布的标准偏差 $S = [\Sigma(d_i - d_n)^2/\Sigma n_i]^{1/2}$。

10. 酸催化制备单分散 SiO_2 纳米粒子

通过以下简单酸催化制备方法，可以制备单分散 SiO_2 纳米粒子：将 22.3 mL TEOS, 22.3 mL 乙醇, 1.8 mL 水和 4×10^{-3} mL 浓盐酸 (38%) 加入烧瓶中，60 ℃下搅拌 90 min。然后加入 7.2 mL 浓盐酸，0.4 mL 水

和 46.6 mL 乙醇，所得溶液在室温 (25 ℃) 下搅拌 15 min。该溶液在 50 ℃老化 3 h 后，加入 106 mL 乙醇和 5.3 g CTAB，然后剧烈搅拌 1 h。最后得到透明的溶胶 (图 3.2)，SiO_2 纳米粒子的粒径大约为 4 nm。这些纳米粒子可以进一步用作纳米结构构筑单元。

50 nm

图 3.2　酸催化制备的单分散 SiO_2 纳米粒子的透射电子显微镜像

11. 反胶束 TiO_2 前驱体溶液的制备

通过以下溶胶制备过程，可以合成钛酸四丁酯 (titanium n-butoxide, TNBT) 溶胶液，用作纳米结构构筑单元：首先，将 26.0 g 曲拉通 X-100 (Truton X-100) 和 150 mL 环己烷在剧烈搅拌下混合；然后，搅拌 30 min 后，滴加 23.0 g TNBT，将所得溶液在室温 (25 ℃) 下搅拌 60 min；最后，向溶液中加入 10 mL 乙酰丙酮，得到稳定的 TiO_2 溶胶。用环己烷稀释该溶胶直至 TNBT 的体积分数为 2%[88]。

12. 粒径 60 nm 的 SiO_2 空心球的制备

以聚丙烯酸为核，通过在其表面发生 TEOS 的缩聚反应，可以制备不同粒径的 SiO_2 空心球。例如，将 0.57 g 聚丙烯酸 (30wt%①) 溶于

① wt%代表质量分数。

4.5 mL 氨水中，随后注入含有 90 mL 乙醇的锥形瓶中，搅拌 30 min 后，将 2.25 mL TEOS 以 45 μL/min 的速度滴加在溶液中，滴加结束后，溶液在室温下搅拌 10 h，得到粒径为 60 nm 的 SiO_2 空心球溶胶（图 3.3）[89,90]。

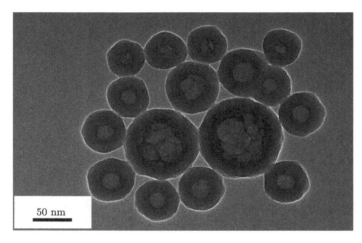

图 3.3　粒径为 60 nm 的 SiO_2 空心球的透射电子显微镜像

13. 介孔 SiO_2 纳米片的制备

作为一种新型纳米结构构筑单元，介孔 SiO_2 纳米片可通过如下溶胶–凝胶法制备：将 0.5 g CTAB 溶于 70 mL 水、0.8 mL 氨水和 20 mL 乙醚的混合溶液中，搅拌 30 min 后，快速加入 2.5 mL TEOS，室温搅拌 4 h 后，得到白色沉淀；经过抽滤、洗涤、干燥，白色沉淀在 550 ℃下煅烧 5 h 以除去其中的十二烷基三甲基溴化铵，即可制得 SiO_2 纳米片（图 3.4）[91]。

以上仅列举了一些具有代表性的纳米结构构筑单元，文献中还有不少相关报道，在本书中不一一列出。这些纳米结构为纳米结构涂层或薄膜的构筑和性能研究提供了丰富的材料基础，研究人员可以将这些纳米结构构筑单元作为一个纳米粒子库 (nanoparticles bank) 或者工具箱 (tool box)，根据目标涂层或薄膜的结构和性能要求，按需挑选合适的纳米结构构筑单元。第 4 章将介绍利用这些丰富的纳米结构构筑单元开展有关纳米结构涂层或薄膜的构筑、表征和性能方面的研究。

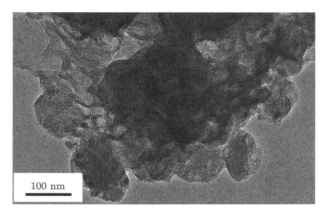

图 3.4　SiO_2 纳米片的透射电子显微镜像

第4章 纳米结构涂层的构筑、表征、性能研究和优化

如第3章所述，通过设计和合成不同成分、形貌、结构及尺寸的纳米粒子，形成了多种成分、形貌、结构及尺寸的纳米粒子库或者工具箱，其中包括酸性催化实心固体粒子、碱性催化实心固体粒子、介孔粒子、特殊形貌介孔粒子、覆盆子状粒子、空心粒子、空心介孔粒子、阶层孔粒子、特殊表面性质纳米粒子、覆盆子状复合粒子、疏水空心纳米粒子、多壳层空心纳米粒子、纳米片等。当然，这个纳米粒子库或者工具箱不应该仅包括上述纳米粒子，研究人员可以通过设计和合成进一步丰富这个纳米粒子库或者工具箱，以使其选择性更多，用起来更方便。在此基础上，利用这些纳米粒子做构筑单元，采用旋涂、滚涂、喷涂、浸涂、刮涂、沉积、静电层层自组装等成膜方式，可以制备具有减反增透、超亲水自清洁或超疏水自清洁、防雾、抗菌等功能的单功能或多功能涂层。尽管自清洁功能和减反增透功能在微观结构上的要求有所冲突，但通过平衡设计、精细调控等策略，在保持自清洁功能基础上可以进一步提高透射率，使薄膜玻璃透射率提高到了99%以上，并显著提高了涂层与基底的附着强度、涂层的机械牢固度、耐磨性、环境稳定性，以实现长效增透和自清洁性能等多功能的集成。

在新型功能薄膜/涂层的组装制备、结构表征和性能研究过程中，需要建立较为完整的薄膜/涂层制备、结构表征和性能研究系统，包括透射

率和反射率的测量方法及仪器，接触角、水滴铺展速度和滚动角等的测量方法及仪器，薄膜硬度、耐磨性、耐擦洗、耐沙冲击、耐水滴冲击和耐酸碱性能的测量方法及仪器等，附录 B 列出了部分重要的仪器设备和生产厂家。

4.1　超亲水自清洁防雾减反增透涂层

以 SiO_2 纳米粒子和聚电解质 (聚二烯丙基二甲基氯化铵 (poly(diallyldimethylammonium chloride), PDDA)) 为构筑单元，通过层层静电组装及煅烧制备出超亲水和增透的涂层。有该涂层的玻璃片随着沉积层数的增加，透射率先升高后下降，在一个合适的厚度达到最大值，其中有 $(PDDA/S\text{-}30)_8$ 涂层的玻璃片的最大透射率达到 98.5%。水滴与表面的接触角以及水滴在表面铺展到接近 0° 所需的铺展时间随着沉积层数的增加或者随着沉积粒子尺寸的增加而降低。其中有 $(PDDA/PSS)_5/(PDDA/S\text{-}150)_3/(PDDA/S\text{-}30)_2$ 涂层的玻璃片的铺展时间降低到 0.28 s。通过调节透射率和润湿性的影响因素，制备出 $(PDDA/PSS)_5/(PDDA/S\text{-}30)_8/(PDDA/S\text{-}150)_2/(PDDA/S\text{-}30)_2$ 涂层 (图 4.1)，经过煅烧，该涂层既具有超亲水性又具有增透性能，其水滴铺展到 0° 所需要的时间小于 0.5 s，最大透射率达到 97.1%。在这种由小粒子/大粒子/小粒子组成的夹心结构中，下层的小粒子主要起增透的作用，上层的大粒子和小粒子主要构成阶层粗糙结构，提高粗糙度和孔隙率，从而提高表面的亲水性以及水滴的铺展速度 [92]。

　　通过层层自组装方法，利用两种不同粒径的粒子，原位制备出具有覆盆子状和桑葚状阶层结构的 SiO_2 纳米粒子涂层 [93]。这些具有纳米孔洞和较大表面粗糙度的阶层结构涂层表现出了非常好的超亲水性和防雾性能。当两种粒子的粒径比小于 1/10 时，可以构筑得到覆盆子状纳米结构。当粒子尺寸比较接近时 (20 nm/70 nm)，只需要 5 个循环沉积就可以制备出桑葚状阶层结构 ((PDDA/S-70)$_1$(PDDA/S-20)$_4$) 减反射涂层。相比我们之前同样达到 97.0% 高透射率的工作，所需制备层数大大减少。这种制备过程可以大大减少制备需要的工作量和时间，从而克服了层层自组装技术应用时相当耗时的瓶颈，因此，为各种粒径的纳米粒子构筑阶层纳米结构减反射和防雾涂层提供了一个更简便的方法和设计蓝图。

图 4.1　兼具超亲水自清洁防雾性能 (水滴铺展时间小于 0.5 s) 和减反增透性能 (最大透射率 97.1%) 的涂层

利用表 3.5 中提到的 ext-HMSNs 和 cal-HMSNs 作为构筑单元，在玻璃基底表面成功地构筑了均匀的具有粗糙表面的粒子涂层，通过调节粒子沉积的次数，可以制备出具有超亲水和减反增透性能 (部分波长处) 的涂层 [94]。

由特殊介孔 SiO_2 纳米粒子通过层层自组装方法在玻璃基片上制备出具有阶层结构的涂层，涂层的最大透射率可以达到 94%，同时 4 µL 的水滴在其表面最快只需要 0.25 s 即可铺展，具有良好的超亲水性能和防雾性能。放置在室内条件下，介孔会通过毛细管作用吸附空气中的水分，导致涂层的透射率降低。这种透射率降低可以通过气化去除吸附水来恢复[74]。

采用静电层层自组装法，利用合成的具有各种形貌和结构的介孔 SiO_2 纳米粒子 (不同孔径的介孔 SiO_2 纳米粒子 (S3 和 S5)，表面具有薄的密实壳层的介孔 SiO_2 纳米粒子 (S1)，不同空腔尺寸的介孔 SiO_2 空心球 (S4 和 S6) 和表面具有薄的密实壳层的介孔 SiO_2 空心球 (S2)，详情见表 3.6 和表 3.7) 在玻璃片表面构筑了粒子涂层，覆盖有 S2 粒子涂层的玻璃片同时具有减反增透性、超亲水性和防雾性。最大透射率可以达到 96%，最小反射率达到 2%(图 4.2)[83]。

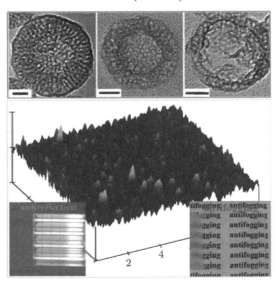

图 4.2　由空心介孔纳米粒子构筑的超亲水防雾减反增透纳米结构涂层

采用实心 (S-25) 和介孔 SiO$_2$ 粒子 (MSNs) 作为模块，通过层层自组装在玻璃基底或者聚甲基丙烯酸甲酯 (PMMA) 基底上直接获得了高增透防雾涂层。仅沉积一到两层 PDDA/MSNs 在有 (PDDA/S-25)$_m$ 的玻璃上，形成的 (PDDA/S-25)$_m$/(PDDA/MSNs)$_n$ 同时具有高增透和防雾的性质 (图 4.3 和图 4.4)。在玻璃基底上构造的涂层最大透射率能达到 98.5%，而空白玻璃的透射率为 91.3%。也能在 PMMA 基底上构筑这种增透和防雾涂层，"8 + 1" 涂层的最大透射率能达到 99.3%。然而介孔粒子涂层存在一个缺点，就是可能会出现毛细吸水现象，这可能会影响涂层的透射率。当然，在干燥环境或温度较高时，这种影响是可以自修复的。这一研究结果可以提供一种在聚合物基底上构造超亲水防雾增透涂层的新途径 [95]。

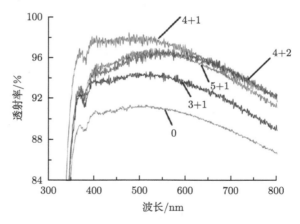

图 4.3　空白玻璃 (0) 和有 (PDDA/S-25)$_m$/(PDDA/ MSNs)$_n$ 涂层玻璃 (缩写为 "$m + n$")
的透射光谱

利用铅笔硬度计等研究了各种涂层的硬度和耐磨性能，发现通过水热处理 (实际为水蒸气) (124 ℃，1 h)、快速淬火 (700 ℃，200 s) 组装制备的涂层可显著提高涂层的硬度和耐磨性，其中铅笔硬度达到 5H，透射

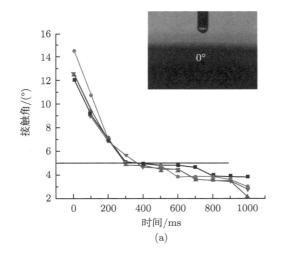
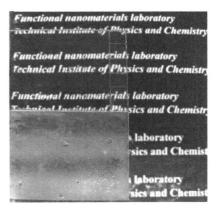

(a) (b)

图 4.4 (a) 瞬间接触角随 $(PDDA/S\text{-}25)_m/(PDDA/MSNs)_n$ (缩写为 "$m+n$") 层数: $3+1$ (■), $4+1$ (●), $4+2$ (▲) 和 $5+1$ (▼) 变化关系, 插图是 $4+1$ 的接触角像; (b) 有 $(PDDA/S\text{-}25)_4/ (PDDA/MSNs)$ 玻璃 (上) 和空白玻璃 (下) 的防雾效果像

率最高可以达到 99.0%, 涂层具有超亲水防雾性能[96]。采用酸 (如盐酸) 作催化剂, 研究了酸催化溶胶–凝胶法提拉涂膜制备高强度 SiO_2 纳米粒子涂层。通过酸催化溶胶–凝胶法制备了 SiO_2 溶胶, 向其中加入 CTAB 并混匀后, 将溶胶提拉涂覆于玻璃基片表面。探讨了 CTAB 质量分数、提拉速度、停留时间和提拉次数对 SiO_2 纳米粒子涂层透射率的影响。获得优化的涂膜条件是: CTAB 质量分数 2.5%、提拉速度 100 mm/min、停留时间 60 s、提拉涂膜 1 次。涂层经过 700 ℃高温快速淬火 200 s 后, 其铅笔硬度可达 6H, 透射率可达 95.9%, 并具有超亲水性。实验还表明, 在 SiO_2 溶胶液中加入 CTAB, 通过其与 TEOS 部分水解生成的物种的相互作用, 可以改善酸性催化条件下形成的 SiO_2 溶胶的微观结构, 从而提高了涂层的透射率和亲水性[97]。这些结果对进一步优化涂层性能

以达到实用化要求具有重要的意义。用有机硅低聚物处理涂层，再进行煅烧后处理，也可显著提高涂层的硬度和耐磨性。有机硅低聚物经煅烧后可能形成氧化硅网络结构，不仅可提高涂层的硬度和耐磨性，同时还使光透射率得以恢复甚至提高。进一步研究了提高涂层的耐刮性、硬度、耐磨性、附着力和耐水性的方法及途径，包括 TEOS 的常温化学气相沉积法 [98]，通过调控涂层的成分、配方、后处理方法、温度和时间，显著提高了涂层的耐刮性、附着力和耐水性。目前，涂层的硬度提高到铅笔硬度，接近 6H，并具有良好的耐擦洗和耐水性能。

　　我们也选择酸、碱催化两种不同方法制备的纳米粒子，通过优化二者的配比，在保持良好透射率的情况下，提高了涂层的耐刮性、硬度、耐磨性、附着力和耐水性，例如，铅笔硬度可达 6H，并尝试了大面积涂覆 [99]。

　　尝试了简单、方便的喷涂和旋涂工艺，发现二者具有好于预期的效果，在合理选择原料配方和喷涂参数的情况下，通过喷涂也可达到良好的减反增透和自清洁效果，为简化工艺、降低成本和原位涂覆进行了有益的尝试 [100]。通过添加聚合物，可提高涂层的附着力、强度和耐磨性，但光透射率有所下降；相反，旋涂所得涂层的性能不佳。

　　我们发明并报道了一种无须合成纳米粒子而直接从前驱体溶液生长制备高抗反射、高机械强度和自恢复涂层的新方法 (图 4.5～图 4.7)，在普通玻璃 (非超白玻璃) 表面镀膜后的透射率高达 99.3%(图 4.6(a))，达到近零反射，且在大入射角时减反增透效果更显著 (图 4.6(b))，铅笔硬度达到 5～6H[101]。虽然该涂层在潮湿环境中的透射率有所下降，但在干燥环境或太阳光照射下其透射率可以自恢复到原来状况 (图 4.7)。该方法易于大面积制备，设计和加工了大面积制备装置，可以一次沉积制备面积达到 1486 mm×670 mm 的减反膜。

图 4.5 通过前躯体一步生长 (precursor-derived one-step growth, POG) 法 (60 ℃, 24 h) 沉积在玻璃基片上并经 550 ℃煅烧 3 h 的纳米孔氧化硅薄膜的扫描和透射电子显微镜像

(a) 薄膜的顶视扫描电子显微镜像；(b) 薄膜的横截面扫描电子显微镜像；(c) 和 (d) 薄膜的透射电子显微镜像

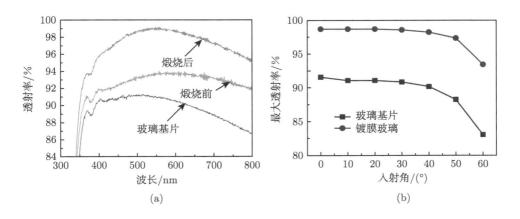

图 4.6 玻璃基片、沉积薄膜煅烧前后的透射光谱 (a) 及其最大透射率与入射角的关系 (b)

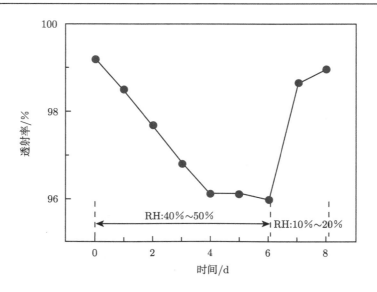

图 4.7　有纳米孔氧化硅薄膜 (60 ℃下 POG 法沉积 24 h，然后 550 ℃煅烧 3 h) 的玻璃基片
先接触湿空气 (室温: 20~30 ℃, 相对湿度 (RH): 40%~50%)，再接触干空气 (室温: 20~30 ℃,
RH: 10%~20%)，其透射率的变化

　　在基材上镀膜属于增材制造，涂层所采用的材料及其结构比较灵活，可以与基材所用材料一样，也可以不一样，可以是单层，也可以是多层。另一种在基材表面形成微/纳结构的途径是刻蚀，不添加新涂层，而是在基材表面通过减材制造构筑微/纳结构，所形成的微/纳结构的成分与基材保持不变。采用玻璃为基材，分别探索了酸、碱刻蚀方法形成阶层纳米结构涂层的可能性。发现均可在玻璃表面直接刻蚀形成纳米结构，并具有良好的减反增透和自清洁效果[102,103]。在碱刻蚀形成的增透涂层上引入光催化功能，能有效去除模拟有机污染物亚甲蓝。然而，碱刻蚀形成的阶层纳米结构涂层的机械强度有待提高。相反，酸刻蚀形成的增透涂层除产生了良好的减反增透和自清洁效果外，表面结构还具有良好的耐刮性、硬度、耐磨性、附着力和耐水性 (图 4.8)。

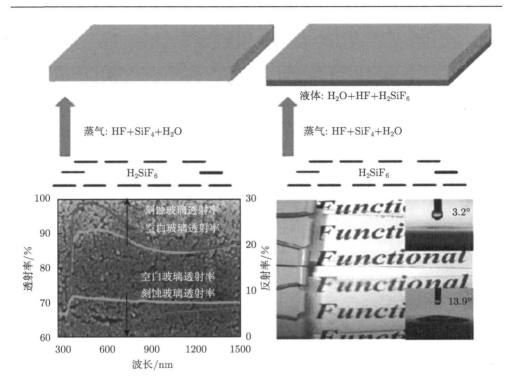

图 4.8 酸刻蚀方法制备阶层纳米结构减反增透自清洁涂层 (扫描封底二维码可看彩图)

进一步在上述酸刻蚀的玻璃表面提拉沉积碱性催化制备的 SiO_2 纳米粒子 (BSiO$_2$) 和酸性催化制备的 SiO_2 溶胶 (ASiO$_2$) (图 4.9(d)),分别得到刻蚀后玻璃 (图 4.9(a)),E/BSiO$_2$ 薄膜 (图 4.9(b)),E/BSiO$_2$/ASiO$_2$ 薄膜 (图 4.9(c))[104]。提拉 20 nm SiO_2 纳米粒子溶胶液后,刻蚀后玻璃表面几乎被粒子完全覆盖,SiO_2 粒子紧密排列 (图 4.9(b))。提拉酸性 SiO_2 溶胶液后,表面变平滑同时出现许多宽度约为 5 nm 的裂痕 (图 4.9(c))。原子力显微镜图像显示 E/BSiO$_2$/ASiO$_2$ 薄膜表面十分平滑,均方根粗糙度为 0.87 nm。平滑密实的结构使薄膜有更好的机械强度和耐久性。

空白玻璃、刻蚀后玻璃、涂覆 E/BSiO$_2$ 薄膜玻璃和涂覆 E/BSiO$_2$/ASiO$_2$ 薄膜玻璃的透射光谱如图 4.10 所示。在入射光波长为 300~

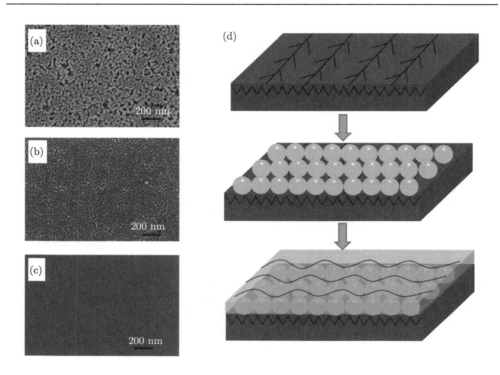

图 4.9　扫描电子显微镜图像

(a) 刻蚀后玻璃；(b) E/BSiO$_2$ 薄膜；(c) E/BSiO$_2$/ASiO$_2$ 薄膜；(d) 制备过程示意图

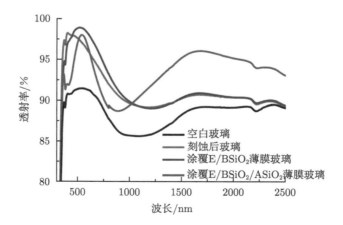

图 4.10　空白玻璃、刻蚀后玻璃、涂覆 E/BSiO$_2$ 薄膜玻璃和涂覆 E/BSiO$_2$/ASiO$_2$ 薄膜玻璃

的透射光谱 (扫描封底二维码可看彩图)

1200 nm 和 1200~2500 nm 区域的最大透射率总结于表 4.1。两组数据显示，多层薄膜结构有利于在可见和近红外区域获得高透射率。而在入射光波长 300~2500 nm 区域，空白玻璃、刻蚀后玻璃、涂覆 E/BSiO$_2$ 薄膜玻璃和涂覆 E/BSiO$_2$/ASiO$_2$ 薄膜玻璃的平均透射率分别为 87.6%、90.45%、90.54% 和 92.6%。因此在波长为 300~2500 nm 区域，涂覆 E/BSiO$_2$/ASiO$_2$ 薄膜玻璃显示了良好的减反增透性能。

表 4.1 入射光波长在 300~1200 nm 和 1200~2500 nm 范围的最大透射率 (T_{max})，入射光波长在 300~2500 nm 范围的平均透射率 (T_{ave})

	空白玻璃	刻蚀后玻璃	涂覆 E/BSiO$_2$ 薄膜玻璃	涂覆 E/BSiO$_2$/ASiO$_2$ 薄膜玻璃
T_{max} (300~1200 nm)	91.3%	98.2%	98.9%	98.04%
T_{max} (1200~2500 nm)	89.8%	90.5%	91.0%	96.1%
T_{ave} (300~2500 nm)	87.6%	90.45%	90.54%	92.6%

刻蚀后玻璃、E/BSiO$_2$ 薄膜和 E/BSiO$_2$/ASiO$_2$ 薄膜均为亲水性，静态水接触角分别为 39°、3.6° 和 1.2°。三种表面的瞬时接触角随时间变化图如图 4.11(a) 所示，测试水滴体积为 3 μL。从 0 ms 到 1000 ms，水接触角逐渐降低，显示水在表面铺展速度快。三个表面仅 E/BSiO$_2$/ASiO$_2$ 薄膜表面显示了超亲水性 (水接触角在 0.5 s 内减小到小于 5° 定义为超亲水)，同时也显示了良好的防雾性能。如图 4.11(b) 所示，当空白玻璃和涂覆 E/BSiO$_2$/ASiO$_2$ 薄膜的玻璃同时存放于 −15 ℃冰箱中 3 h 后取出，在室温环境下，空白玻璃表面立即起雾，小水珠在玻璃表面凝结，由于光散射较高，玻璃下文字变得模糊不清。而涂覆 E/BSiO$_2$/ASiO$_2$ 薄膜的玻璃未起雾，水珠在薄膜表面迅速铺展，玻璃下的文字依然清晰可

见。超亲水薄膜能够有效地阻止水分子聚集形成水滴，使透明基底高透射率得以有效保持。

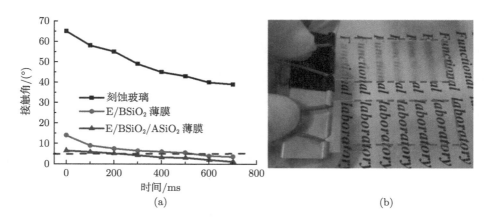

(a)　　　　　　　　　　　　　　　　(b)

图 4.11　(a) 刻蚀后玻璃、E/BSiO$_2$ 薄膜和 E/BSiO$_2$/ASiO$_2$ 薄膜瞬时接触角随时间变化图；(b) 空白玻璃 (上) 和涂覆 E/BSiO$_2$/ASiO$_2$ 薄膜的玻璃 (下) 的防雾性能测试图

对于户外应用，薄膜的硬度、耐刮擦、耐擦洗、耐沙冲击等机械性能是考察薄膜性能的重要参数。可分别采用铅笔硬度计、Taber 耐磨仪、耐擦洗仪和落沙仪测定薄膜在多种环境下的机械强度。首先，我们依据标准 ASTM D4828—92，采用尼龙刷测定薄膜的耐擦洗性能。仪器在 2 min 内完成 100 个循环的擦洗测试，由图 4.12(a1)～(a3) 可以看出，仅有少部分区域 (< 5%) 出现刮痕，因而证明薄膜能够通过擦洗测试，可承受常规清洗。其次，在落沙测试中，将一定质量的沙粒从 1 m 高度落下至薄膜表面，下落速度为 4 mL/s，一个循环测试的时间为 50 s。沙粒的冲击能可通过公式计算：$W_s = m_s gh = (4/3)\pi \rho R_s^3 gh$，其中，$\rho$ 为 SiO$_2$ 的密度 ($\rho \approx 2$ g/cm^3)，g 为重力加速度，R_s 为沙粒的半径 ($R_s \approx 350$ μm)，计算得到冲击能为 3.57×10^{-7} J。如图 4.12(b1)～(b3) 所示，落沙冲击后，薄膜表面并未被破坏，薄膜能够通过落沙测试。最后，我们进

行了 Taber 耐磨测试，Taber 耐磨仪主要测定当 0.5 kg 粗糙滑轮以 50 r/min 转速在薄膜上旋转时，薄膜耐磨损的情况，参照的标准为 ASTM D4060—01。测试结果表明，100 个循环测试后，薄膜仅出现了几条划痕，并且通过对划痕部分的显微观察 (图 4.12(c1)~(c3))，薄膜并没有从基底上剥离，证明其可通过 Taber 耐磨测试。

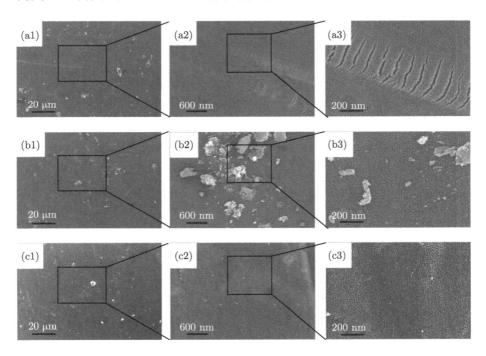

图 4.12　E/BSiO$_2$/ASiO$_2$ 薄膜经过耐擦洗测试 (a1)~(a3)，落沙测试 (b1)~(b3) 和 Taber 耐磨测试 (c1)~(c3) 后的扫描电子显微镜图像

如第 3 章第 9 小节所述，通过简单的一锅反应制备了一系列有趣的覆盆子状 SiO$_2$-TiO$_2$ 核–壳复合纳米粒子。进一步通过层层组装技术，用 SiO$_2$-TiO$_2$ 核–壳复合纳米粒子作构筑单元制备出了同时具有减反射性能、光催化自清洁性能和防雾性能的涂层 (图 4.13)[105]。煅烧处理后，TiO$_2$ 壳转变成了锐钛矿相的纳米粒子，避免了煅烧引起的团聚。这些

涂层无论有无紫外线照线，都具有非常好的超亲水性能和防雾性能。涂层可以光催化降解吸附在其表面的亚甲蓝染料分子，表现出了很好的自清洁性能。在 SiO_2 纳米球核表面的 TiO_2 纳米粒子的尺寸可通过 TiO_2 前驱体的用量来调节。通过交替沉积 SiO_2 纳米粒子和覆盆子状 SiO_2-TiO_2 核–壳复合纳米粒子，成功制备了同时具有良好自清洁性能、防雾性能和减反射性能的涂层。经过煅烧处理后，涂层的最大透射率达到 97.3%。同时，热处理使 TiO_2 壳层转变成有高催化活性的锐钛矿相纳米粒子。热处理增强了透射率，同时避免了 TiO_2 纳米粒子的团聚。在紫外线照射 30 min 下，吸附有亚甲蓝的覆盖有涂层的玻璃的透射率能恢复到吸附亚甲蓝之前的覆盖有涂层的玻璃的透射率 (图 4.14)，表明所构筑的涂层具有良好的光催化降解亚甲蓝的活性。这些结果意味着覆盆子状 SiO_2-TiO_2 核–壳复合纳米粒子涂层不仅具有良好的光催化降解吸附的有机物的能力，而且保持了良好的透射率。

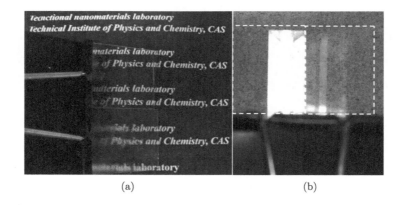

(a)　　　　　　　　　　　　　　(b)

图 4.13　(a) 展现煅烧后的两面都覆盖有 $S_3(ST/S)_2ST$ 的玻璃片 (上图) 和空白玻璃片 (下图) 的防雾效果的照片。两个样品都放在 $-15\ ℃$左右的冰箱中冷冻 3 h，然后暴露在沸水蒸气中。(b) 空白玻璃片 (左图) 和煅烧后的两面都覆盖有 $S_3(ST/S)_2ST$ 的玻璃片 (右图) 在荧光灯光下的反射色照片

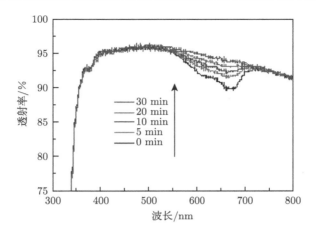

图 4.14 煅烧过的 $S_3(ST/S)_2ST$ 涂层的透射光谱随光照时间逐渐恢复 (扫描封底二维码

可看彩图)

如图 4.15 所示，采用 SiO_2 和 TiO_2 前驱体溶液，通过提拉法制备了 SiO_2 层和 TiO_2 层构成的复合薄膜[106]。该复合薄膜具有高强、长效超亲水、自清洁防雾减反增透性能。涂膜玻璃在 $400\sim2500$ nm 范围内的

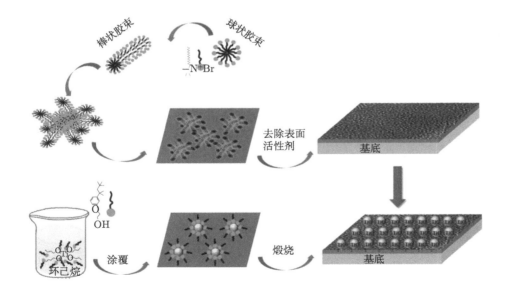

图 4.15 SiO_2-TiO_2 复合薄膜形成机理示意图

最大透射率达 ~97%，其超亲水性在暗处能维持近 60 d，但时间进一步延长至 105 d，则失去超亲水性。这主要是因为吸附了空气中的有机污染物。通过光照，可以去除有机污染物 (如亚甲蓝)，从而使其恢复超亲水性 (图 4.16)。通过这种间歇式的光照射，涂层可以保持长效的自清洁防雾性能 (图 4.17)。涂层机械性能研究表明，该涂层具有优异的机械强度，包括耐磨、耐沙冲击、耐擦洗和高硬度。

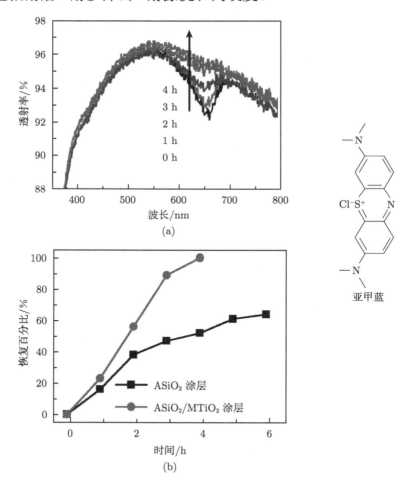

图 4.16 (a) SiO₂-TiO₂ 复合薄膜吸附亚甲蓝后，随紫外线照射时间的光谱变化图；(b) 随光照时间薄膜光谱恢复百分比变化图

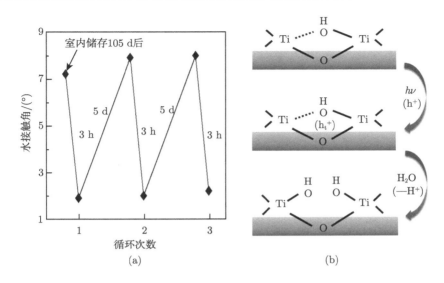

图 4.17　(a) 储存 105 d 后复合薄膜在紫外线照射 (3 h) 和暗处储存 (5 d) 下的水接触角变化循环测试结果；(b) TiO_2 薄膜表面光致超亲水机理示意图

　　以具有在前驱体溶液中生长制备的多孔涂层的玻璃片为基底，进一步依次提拉涂覆 25 nm 的 SiO_2 粒子和 6 nm 的 TiO_2 纳米粒子，得到 AR3 涂层，该涂层的最高透射率达 97.8%，具有超亲水防雾性能，且可保持 12 d 以上 [107]。在光的作用下可有效降解有机污染物，保持长效超亲水防雾性能。该涂层能通过耐磨实验和 3H 铅笔硬度实验，具有良好的机械强度。

4.2　超疏水 (或超双疏) 自清洁减反增透涂层

　　采用层层自组装方法，用直径 20 nm 的实心 SiO_2 纳米粒子和聚电解质交替沉积在玻璃基底表面，再经过煅烧和疏水化修饰可以获得疏水性的减反增透涂层 (图 4.18 和图 4.19)[108]。通过调节沉积循环次数可调节多孔 SiO_2 纳米粒子涂层的厚度。这些多孔涂层作为减反射涂层，能有效地降低反射率和提高透射率。通过精确调节涂层厚度，反射率可以降到 0.3%，最大透射率可以提高到 99.0%。这比商业的太阳能电池保护板的透射率 (92%~93%) 显著提高了。有减反增透涂层的玻璃覆盖的标准单晶硅太阳能电池的性能研究表明，当最大透射率为 98.3% 的有 $(S-20)_9$ 涂层的玻璃片覆盖标准电池时，效率提高了 6.6%。实验还发现紫外线并不影响涂层的疏水性。

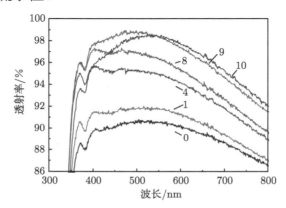

图 4.18　空白玻璃 (0) 和有 $(S-20)_1(1)$、$(S-20)_4(4)$、$(S-20)_8(8)$、$(S-20)_9(9)$ 及 $(S-20)_{10}(10)$

涂层的玻璃的透射光谱

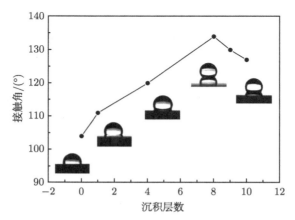

图 4.19　纳米粒子涂层的接触角与沉积层数的依赖关系

插图为相应表面上 4 μL 水滴像

前面由特殊介孔 SiO$_2$ 纳米粒子通过层层自组装方法在玻璃基片上制备出具有阶层结构的涂层，涂层的最大透射率可以达到 94%，通过 POTS 的化学气相沉积 (CVD) 疏水化修饰，介孔 SiO$_2$ 纳米粒子涂层转变为超疏水性，具有大于 150° 的接触角和小于 1° 的滚动角，同时仍然保持了其高透光性 (图 4.20)[74]。

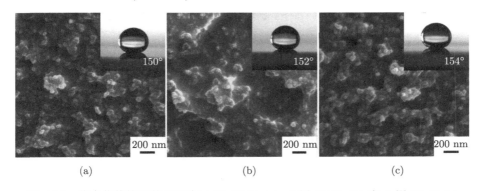

(a)   (b)   (c)

图 4.20 疏水化修饰后的沉积有 1 层 (B-1) (a)、3 层 (B-3) (b) 和 5 层 (B-5) (c)
PDDA/MPSNP-2 的 MPSNP-2 纳米粒子涂层的扫描电子显微镜图

插图分别为 15 μL 水滴在相应表面的接触角

这种疏水化修饰可以使介孔和其他孔洞很好地储存空气而排斥水滴 (即超疏水性)，从而阻止介孔纳米粒子吸附空气中的水分，有效地保持涂层的高透射率。疏水化处理过的涂层透射率和超疏水性能都非常稳定。因此，通过调节表面粗糙度、内部结构和表面能，可以赋予介孔纳米颗粒涂层超疏水性，这些功能涂层可能满足减反射自清洁涂层的需求。

采用介孔纳米粒子 cal-HMSNs 作为构筑单元，在玻璃基底表面成功地构筑了均匀的具有粗糙表面的粒子涂层，通过调节粒子沉积的次数，可以制备出具有减反增透性能 (部分波长处) 的涂层，进一步经过疏水化处理后，成功地制备了具有超疏水且减反增透 (部分波长处) 的涂层 (图 4.21)[109]。

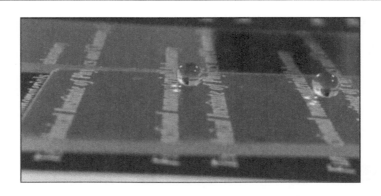

图 4.21　两滴 15 μL 水滴滴在经过四次 PDDA/cal-HMSNs 沉积之后再先后经过煅烧和

POTS 的 CVD 疏水化修饰的玻璃片表面的照片

用六甲基二硅氮烷 (hexamethyldisilazane, HMDS) 修饰空心纳米粒子，然后将疏水化修饰后的空心纳米粒子分散在溶解有聚甲基丙烯酸甲酯的乙酸乙酯中，通过提拉涂膜和 POTS 疏水化修饰，制备了在可见光-近红外减反增透的超疏水涂层 (图 4.22 和图 4.23)[110]。最大透射率达到

图 4.22　两面有超疏水减反涂层的玻璃基底像

浸涂前驱液：0.5wt％HMDS-HSN，1.0wt％PMMA，最后经 POTS 修饰

图 4.23 无涂层 (上) 和有超疏水减反射涂层 (下) 的玻璃表面在日光灯下的界面反射像

超疏水减反射涂层制备方法：用含 0.5wt%HMDS-HSN 和 1.0wt%PMMA 的前驱液浸涂，然后用

POTS 修饰

92.6%，573~2500 nm 的平均透射率达到 91.5%(玻璃基板：88.2%)。850~1200 nm 的平均透射率达到 91%，比玻璃基板的平均透射率 86% 提高 5 个百分点。涂层显示非常好的超疏水特性，水接触角达到 163°，滚动角 ⩽ 1°，水滴滚动速度达到 66 mm/s。

通过化学结构与几何结构相结合的方法在玻璃基底上构筑了宽光谱减反增透的超疏水涂层 [111]。通过提拉法，使用三种不同的溶胶 (酸性 SiO_2 溶胶：A；碱性 SiO_2 溶胶：B；介孔 SiO_2 纳米粒子) 制备了具有纳米结构的 SiO_2 涂层 (图 4.24 和图 4.25)。$A_2/B/MSN_2$ 涂层在 630 nm 处的最大透射率高达 95.3%；而其表面的水接触角为 153°，滚动角小于 5°。超疏水 $A/B/MSN_2$ 涂层 (水接触角：153°，滚动角：小于 5°) 在 400~2000 nm 波长范围内显示了优异的减反增透性能，尤其是在 742~1573 nm 波长范围内，而在此范围内空白玻璃基底的透射率相当低。这种宽光谱减反增透超疏水涂层在太阳能电池、光学检测和传感器方面具有潜在的应用价值。

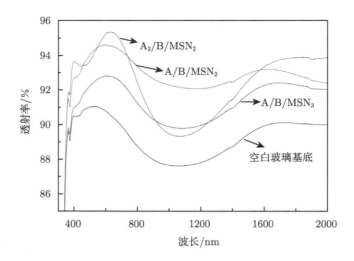

图 4.24　空白玻璃基底和覆盖有超疏水 A/B/MSN$_2$、A/B/MSN$_3$ 和 A$_2$/B/MSN$_2$ 涂层的

玻璃基底在 400~2000 nm 波长范围内的透射光谱

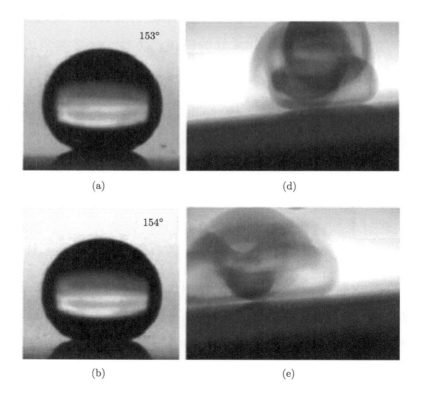

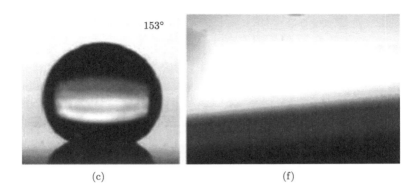

153°

(c)   (f)

图 4.25 (a)~(c) 水滴在疏水化修饰后的 A/B/MSN$_2$、A/B/MSN$_3$ 和 A$_2$/B/MSN$_2$ 涂层表面的数码图片; (d)~(f) 水滴在倾斜角为 5° 的 A/B/MSN$_2$ 涂层表面滚动瞬间的数码图片, 水滴的平均滚动速率为 73 mm/s

采用 20 nm SiO$_2$ 纳米粒子、80 nm SiO$_2$ 空心纳米粒子和介孔 SiO$_2$ 纳米片, 成功地构筑了减反增透超双疏涂层 [112]。其中最大透射率达到 96.1%(530 nm) (图 4.26), 水接触角 171°, 二碘甲烷接触角 157°, 乙二醇接触角 156°, 苯甲醇接触角 147°, 正己烷接触角 132° (图 4.27)。

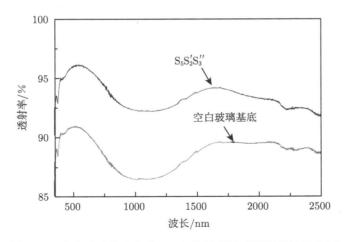

图 4.26 空白玻璃基底和有 S$_5$S$_2'$S$_3''$ 涂层玻璃基底的透射光谱

采用积分球测量

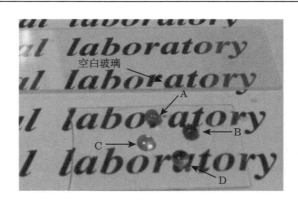

图 4.27   表面上有水 (A)、乙二醇 (B)、二碘甲烷 (C) 和正己烷 (D) 液滴的 $S_5S_2'S_3''$ 涂层像

通过在全氟烷基化处理前引入 TEOS 常温化学气相沉积过程，可显著提高涂层的机械强度，使铅笔硬度达到 3H，耐沙冲击摩擦，耐水滴冲击，耐强酸、强碱接触。该涂层同时可耐 300 ℃的温度而超疏水性不发生变化。当沙土覆盖该涂膜玻璃时，水滴可以通过滚动带走沙土，具有类似荷叶出淤泥而不染的自清洁功能 (图 4.28~图 4.30)[113]。

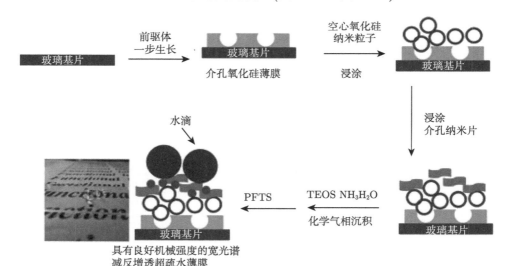

图 4.28   在玻璃基底上制备高机械强度、热稳定、宽光谱减反射、超疏水薄膜的流程示意图

PFTS: 1H, 1H, 2H, 2H-perfluorooctyl trichlorosilane

图 4.29 (a) 超疏水薄膜上 6 μL 水滴像，表面水接触角为 162°；(b) 镀膜玻璃基底表面 10 μL 水滴像；(c) 和 (d) 玻璃基底上薄膜的扫描电子显微镜像；(e) 超疏水薄膜的三维原子力显微镜像 (扫描范围：2 μm×2 μm)

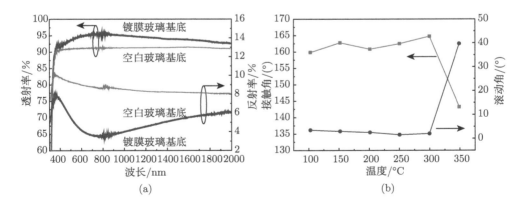

图 4.30 (a) 镀膜玻璃基底和空白玻璃基底的透射光谱和反射光谱的比较；(b) 在不同温度加热 2 h 后样品表面的静态接触角和滚动角，在 350 ℃加热后，表面失去了其超疏水性

实际应用对涂层的机械强度提出了非常苛刻的要求,科研工作者需要考虑如何显著提高涂层的机械强度以满足实际应用的要求,需要发展新的方法与技术来达到这个目标。研究表明,在涂层制备流程中进一步增加水热处理、煅烧处理和钢化处理,可以有效增强高增透超双疏 SiO$_2$ 涂层强度以及涂层与基底黏附力 (图 4.31)[114]。

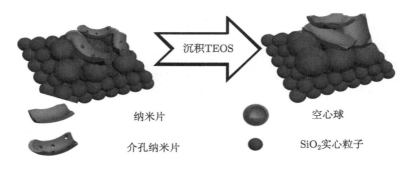

图 4.31　沉积 TEOS 过程中涂层发生变化的示意图

采用 20 nm SiO$_2$ 纳米粒子、60 nm SiO$_2$ 空心纳米粒子和介孔 SiO$_2$ 纳米片,构筑了减反增透超双疏涂层 (见前面超双疏涂层),通过化学气相沉积 TEOS、水热处理、淬火和化学气相沉积全氟辛基三氯硅烷的方法制备了多功能的涂层,显著增强了高增透超双疏 SiO$_2$ 涂层强度以及涂层与基底黏附力。图 4.32(a)~(d) 分别展示了在 60 ℃条件下沉积 0 h,1 h,2 h,3h TEOS 的涂层的表面形貌。在图 4.32(a) 中,我们可以看到,没有经过化学气相沉积处理的涂层具有微米-纳米二级结构。这种结构类似于 "over-hang" 结构,有助于构建超双疏涂层。随着沉积时间的增加,SiO$_2$ 纳米粒子的粒径逐渐变大,粒子间距逐渐变小。SiO$_2$ 纳米片和空心球逐渐交联,并且纳米片上的小介孔也逐渐消失。最终,整个涂层形成了三维网络状结构。同时,涂层的微米-纳米结构并没有因为这一过程而发生显著变化。

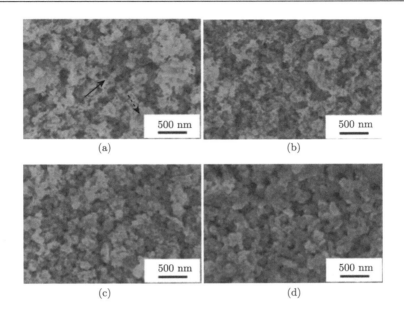

图 4.32 沉积 0 h(a)，1 h(b)，2 h(c)，3 h(d) TEOS 的涂层的表面形貌

(a) 中实心箭头和虚线箭头分别指向 SiO$_2$ 纳米片和空心球

　　表 4.2 和图 4.33 展示了沉积 0 h，1 h，2 h，3 h TEOS 的涂层对不同液体的接触角。很明显，这些涂层都是超疏水的。它们对水的接触角都是 171°。未经过沉积处理的涂层对乙二醇的接触角 (OCA) 为 158°。经过 1 h，2 h，3 h 沉积处理的涂层对乙二醇的接触角分别为 158°，155° 和 152°。接触角随着沉积时间的增长而降低。通过对比图 4.32(d) 和图 4.32(a)，我们可以发现经过沉积的涂层表面变得比以前平整。图 4.34 展示了涂层的原子力显微镜图像。未经过沉积处理的涂层的均方根粗糙度 (RMS) 和平均粗糙度 (Ra) 分别为 112 nm 和 86.4 nm。而经过 3 h 沉积处理的涂层的均方根粗糙度和平均粗糙度分别为 97.1 nm 和 76.4 nm。涂层的均方根粗糙度和平均粗糙度小于其他透明超双疏涂层的粗糙度。由于经过沉积处理，一些小的孔洞消失。在乙二醇接触到涂层

表面时,涂层与液体间的空气变少,从而接触角减小。但是由于微米/纳米结构依然存在,所以涂层依旧具有超双疏的性能。

表 4.2   经过 0 h, 1 h, 2 h, 3 h CVD 处理的涂层的接触角

液体	CVD 0 h	CVD 1 h	CVD 2 h	CVD 3 h
水	171°	171°	171°	171°
乙二醇	158°	158°	155°	152°

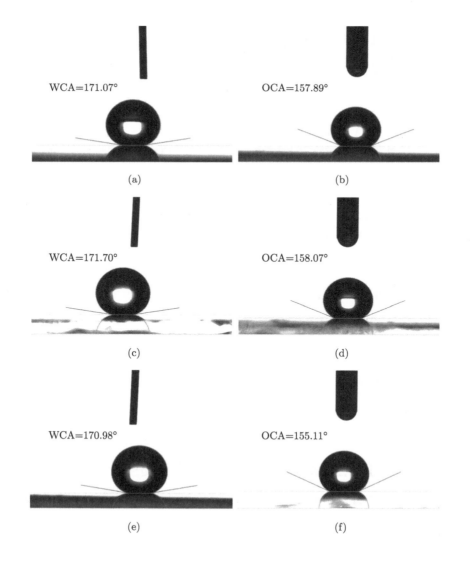

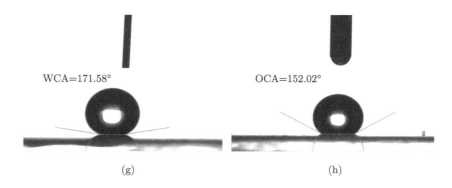

图 4.33　经过 0 h，1 h，2 h，3 h 沉积处理的涂层的水的接触角 (a)、(c)、(e)、(g) 和乙二醇
的接触角 (b)、(d)、(f)、(h) 的数码图像

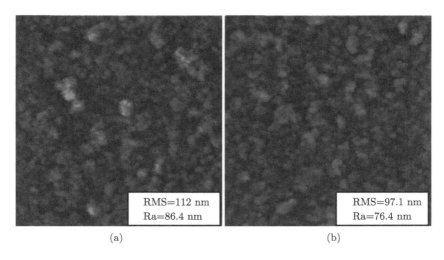

图 4.34　未经过沉积处理 (a) 和经过 3 h 沉积处理 (b) 的涂层的原子力显微镜图像

图 4.35 展示了经 60 ℃沉积处理 0 h，1 h，2 h，3 h 的涂层的透射光谱。很明显，涂膜的 K9 玻璃的透光性能要远好于空白 K9 玻璃基底。经过 3 h 沉积处理涂层的最大透射率为 98.7%，从 300 nm 到 2500 nm 的平均透射率为 95.5%。相比而言，空白 K9 玻璃基底的平均透射率仅为 91.4%。在可见光范围内，涂层的透光性能要低于近红外光范围，但是其平均透射率 (92.3%) 仍高于空白 K9 玻璃基底 (92%)。

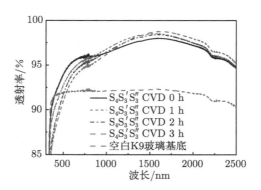

图 4.35　经过 0 h，1 h，2 h，3 h 沉积处理的涂层的透光性能 (扫描封底二维码可看彩图)

　　沉积时间的变化会对涂层的透光性能有少量的影响。未经过沉积处理的涂层的最大透射率在可见光范围内比经过 3 h 处理的涂层高 2%，在近红外光范围内则要低 0.5%。通过比较图 4.32(a) 和 (d) 可以解释这种微小的变化。沉积 TEOS 的过程增大了涂层中粒子的粒径，增加了涂层厚度，并填满了纳米片上的小介孔。因此，涂层的折射率变大，从而微小地改变了涂层的透光性能。

　　对于大多数涂层来说，良好的机械强度和与基底的黏附性能是实现其日常应用的关键，超双疏涂层也不例外。然而，具有大粗糙度的表面涂层的强度一般都比较差。利用铅笔划痕测试、胶带测试、沙冲测试和水滴冲击测试检验了上述涂层的强度和与基底的黏附性能。其中，铅笔划痕测试被用来检验涂层的抗划伤性能。图 4.36 为 60 ℃沉积处理 0 h，1 h，2 h，3 h 的涂层在经过 2H 铅笔划痕测试后的表面形貌。图 4.36(a) 表明，未经过沉积处理的涂层未能承受住 2H 铅笔划痕测试。图 4.36(b) 为高倍放大图，表明图 4.36(a) 中颜色暗的部位已经被破坏。图 4.36(c) 和 (d) 及图 4.36(e) 和 (f) 分别为沉积处理 1 h 及 2 h 的涂层在经过 2H 铅笔划痕测试后的表面形貌。这两个涂层也不能经受住 2H 铅笔划痕测试，但是损坏部分的大小随沉积处理时间的增长而减小。图 4.36(g) 和 (h) 为沉积处理 3 h 的涂层在经过 2H 铅笔划痕测试后的表面形貌。出人意料！涂层没有被铅笔划破。为了进一步研究涂层的机械强度，我们对这个涂层进行了更多的铅笔划痕测试。图 4.37 为沉积处理 3 h 的涂层在经过 2H，3H，4H，5H 铅笔划痕测试后的表面形貌。图 4.37(a) 和 (b)，(c) 和 (d) 以及 (e) 和 (f) 表明虽然有些粒子变形了，但是涂层并未被 2H，3H，4H 铅笔划破损坏。图 4.37(g) 和 (h) 表明涂层不能承受住 5H 铅笔的划痕测试，部分涂层被划掉，但是仍保留有一半以上涂层。

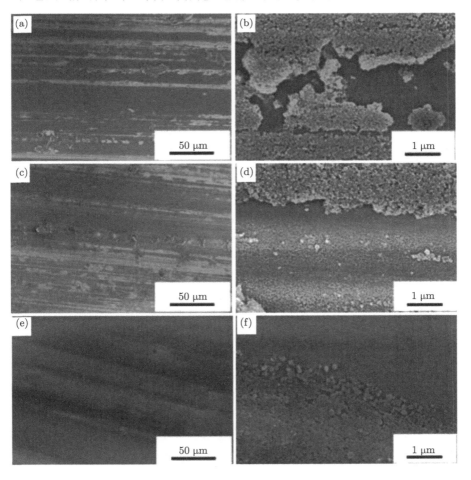

图 4.36　0 h(a) 和 (b)，1 h(c) 和 (d)，2 h(e) 和 (f)，3 h(g) 和 (h) 沉积处理的涂层经过

2H 铅笔划痕测试后的表面形貌

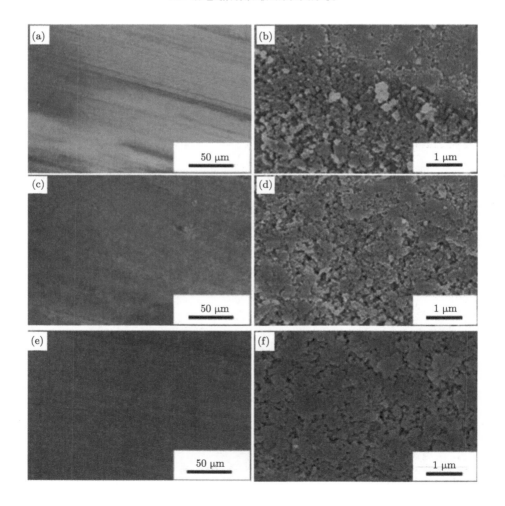

图 4.37 3 h 沉积处理的涂层经过 2H(a) 和 (b), 3H(c) 和 (d), 4H(e) 和 (f) 以及 5H(g)

和 (h) 铅笔划痕测试后的表面形貌

一般采用胶带测试来检验涂层与基底的黏附性能。测试的胶带为 3M 透明胶带 (cat. 600)。图 4.38 和图 4.39 分别展示了涂层在经过不同次数胶带测试后水和乙二醇的接触角。未经过沉积处理的涂层在 10 次胶带测试后水和乙二醇的接触角分别降低到 150° 和 135°①。而经过 3 h 沉积处理的涂层，在 1 次、10 次、20 次、40 次胶带测试后，水的接触角分别为 170°、167°、161° 和 157°；乙二醇的接触角分别为 151°、145°、145° 和 142°。也就是说，沉积处理后的涂层与基底的黏附性能大大提高了。

沙冲测试和水滴冲击测试也被用来测试涂层抗沙粒和水冲击性能。在沙冲测试中，用 40 g 粒径为 100~300 μm 的沙粒从 30 cm 高处落下，在 1 min 内全部冲击到经过 3 h 沉积处理的涂层上。图 4.40 为涂层冲击前后水和乙二醇的接触角。通过对比发现，涂层的浸润性能没有太大变化，所以能够经受住沙冲测试。在水冲击测试中，用大约 4500 滴水 (每滴水约有 22 μL) 从 50 cm 高处落下冲击经过 3 h 沉积处理的涂层上，水滴下落速度大约为 1 m/s。图 4.41 为涂层在水滴冲击实验前后的水和

---

① 接触角为仪器给出的数据，考虑到接触角的测量误差，正文中讨论图 4.38 和图 4.39 所列接触角数据时略去了小数点后的数字。

乙二醇的接触角。测试前后涂层的浸润性能没有太大变化，涂层可以经受住水滴冲击测试。

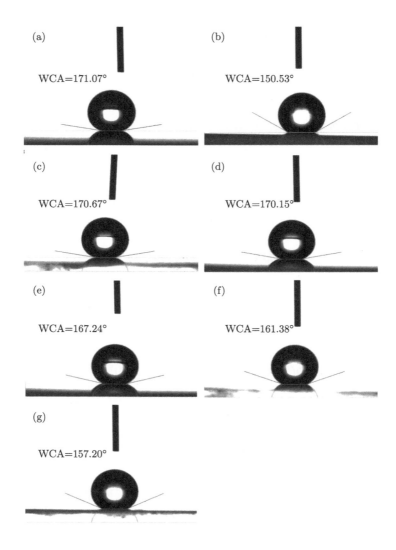

图 4.38　未经过沉积处理的涂层在胶带测试前 (a) 和受到 10 次胶带测试后 (b) 水的接触角；经过 3 h 沉积处理的涂层在胶带测试前 (c) 和受到 1 次 (d)，10 次 (e)，20 次 (f) 及 40 次 (g) 胶带测试后水的接触角

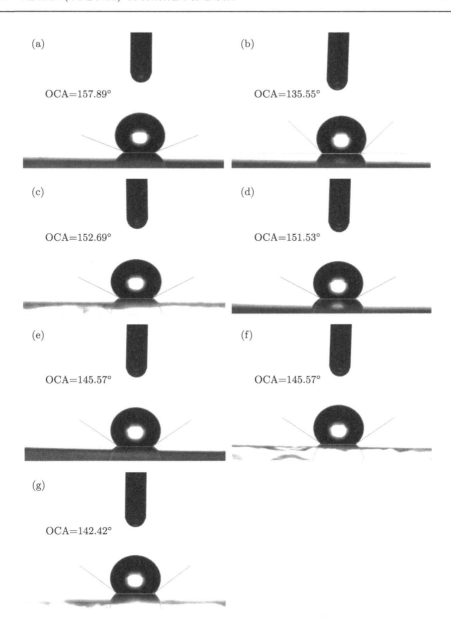

图 4.39 未经过沉积处理的涂层在胶带测试前 (a) 和受到 10 次胶带测试后 (b) 乙二醇的接触角；经过 3 h 沉积处理的涂层在胶带测试前 (c) 和受到 1 次 (d)，10 次 (e)，20 次 (f) 及 40 次 (g) 胶带测试后乙二醇的接触角

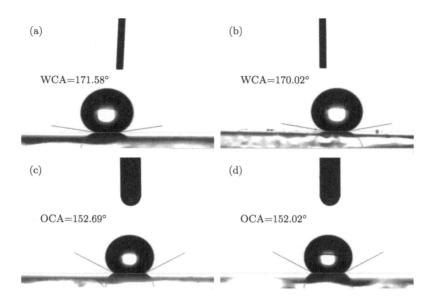

图 4.40　经过 3 h 沉积处理的涂层在沙冲实验前 ((a) 和 (c)) 后 ((b) 和 (d)) 的水和

乙二醇的接触角

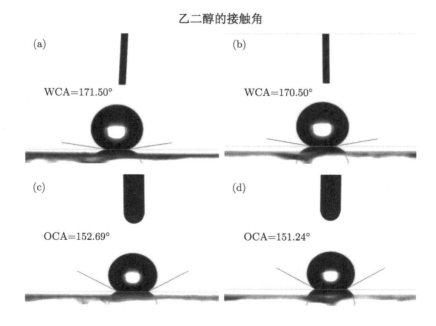

图 4.41　经过 3 h 沉积处理的涂层在水滴冲击实验前 ((a) 和 (c)) 后 ((b) 和 (d)) 的水和

乙二醇的接触角

除沉积处理时间外，沉积处理温度也会影响到涂层的性能。图 4.42 给出了分别在 40 ℃与 80 ℃沉积处理 3 h 所得涂层的水和乙二醇接触角。与图 4.38(c) 和图 4.39(c) 60 ℃沉积处理制备的涂层的接触角相比，40 ℃沉积处理所得涂层的接触角没有显著变化。但是 80 ℃沉积处理制备的涂层的接触角有显著的降低。这表明 80 ℃下的沉积处理显著改变了涂层的表面形貌。图 4.43 为这两个涂层的表面形貌。很明显，80 ℃沉积处理制备的涂层具有更平整的表面形貌。图 4.44 为 4H 和 5H 铅笔划痕测试后两涂层的表面形貌。40 ℃沉积处理制备的涂层的机械强度与 60 ℃沉积处理制备的涂层无太大差别。而 80 ℃沉积处理制备的涂层在经受 5H 铅笔划痕测试后会残留更多的 SiO_2 粒子。

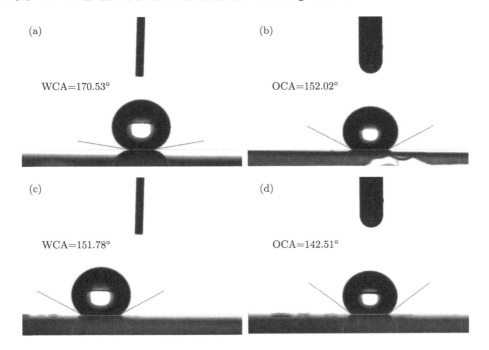

图 4.42 在 40 ℃(a) 和 (b) 与 80 ℃ (c) 和 (d) 下经过 3 h 沉积处理的涂层的水和乙二醇接触角的数码图像

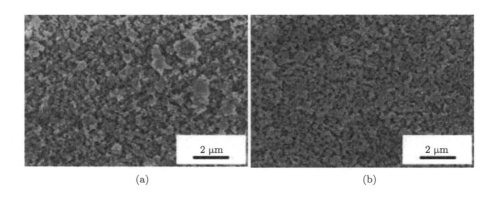

(a)   (b)

图 4.43   在 40 ℃(a) 和 80 ℃(b) 下经过 3 h 沉积处理的涂层的表面形貌

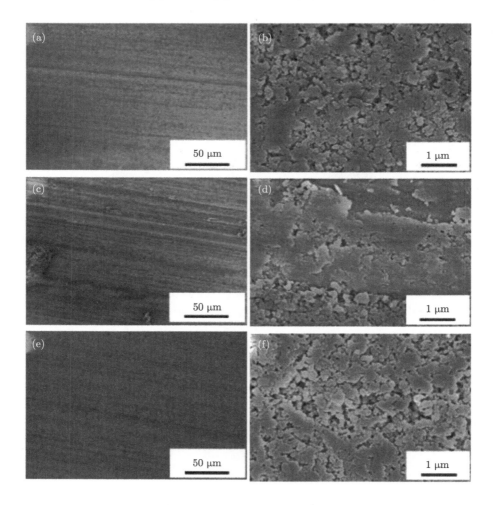

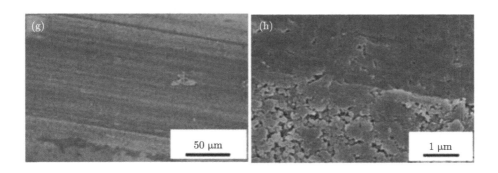

图 4.44 在 40 ℃下经过 3 h 处理的涂层在经受 4H (a) 和 (b) 与 5H (c) 和 (d) 铅笔划痕测试后的表面形貌; 在 80 ℃下经过 3 h 处理的涂层在经受 4H (e) 和 (f) 与 5H (g) 和 (h) 铅笔划痕测试后的表面形貌

与未经过沉积处理的涂层相比, 经过 60 ℃ 3 h 沉积处理的涂层在机械强度和与基底的黏附力上有着显著的提高。图 4.31 为沉积过程中涂层发生变化的示意图。经过沉积, 由图 4.32(a) 和 (d) 可以看出, 涂层中粒子粒径变大, 3 h 的沉积使粒子长大到可以相互接触的程度。由于涂层是一个多层结构, 所以经过沉积处理的涂层形成了一个三维网络状的整体结构。粒子之间的作用力由原先的范德瓦耳斯力变为化学键力。化学键力的强度可以使得涂层承受住外界的摩擦和剪切应力。此外, 涂层的透光性能和浸润性能与沉积前相比没有太大变化。图 4.35 中展示的经过 3 h 沉积处理的涂层的最大透射率与沉积处理前相比在可见光范围内降低了 2%, 在红外光范围内增加了 0.5%。涂层的高透光性是因为涂层中的空心球并没有被沉积的 TEOS 所填满, 从而保持了涂层的低折射率。同时, 由于涂层的微米/纳米粗糙结构并没有被沉积处理过程改变, 所以涂层的接触角仅略微降低。总体来说, 经过 3 h 沉积处理的涂层具有良好的机械强度和与基底的黏附力, 同时也具有高透光性和超双疏的性能。

　　如上所述，通过层层自组装、化学气相沉积 TEOS、水热处理、淬火和化学气相沉积全氟辛基三氯硅烷可以制备具有良好性能的多功能涂层。其中化学气相沉积 TEOS 的时间和温度对涂层强度、透光性能和浸润性能均有影响。综合性能最好的涂层的水的接触角为 171°，乙二醇的接触角为 152°。涂层的最大透射率为 98.7%。它可以经受住 4H 的铅笔划痕测试、胶带测试、沙冲测试和水滴冲击测试。因此，这些涂层除了具有宽波段增透和超双疏性能外，还具有良好的机械强度和与基底的黏附力。具有此种性能的多功能涂层在以前的文献中未见报道过。交联的纳米粒子和相对较低的粗糙度使得涂层实现了良好的强度与高透光性及超双疏性能的共存。

第 5 章　纳米结构放量实验和涂层大面积制备

纳米结构和纳米结构涂层具有重要而广阔的应用前景，纳米结构的放量合成实验和涂层的大面积制作是通往其规模制造和实际应用的必经之路。

5.1　纳米结构的放量实验

纳米结构的规模制造可在实验研究的基础上，通过放量合成实验来实现，也就是通过增大设备尺寸、增大投料量、强化传质传热并借助各种现代化物料输送方法和技术、自动化过程及信息化管理来实现。图 5.1 展示了一种纳米结构放量合成装置，可实现 100 公斤/釜的纳米结构放量合成。更大的设备可实现更大规模的纳米结构生产，但同时也会产生诸如物料输送、传质、传热、产品结构和性能一致性等问题。这些问题都是纳米结构新材料从实验室走向规模制造、走向工程化必须注意和解决的问题。另一种可规模化合成纳米结构的方法和技术是微流体技术 (microfluidics technology)(图 5.2)，由于可连续反应和合成，可以实现纳米结构的批量制备。

世界上第一个微流体器件由 A. Manz、M. Ramsey 等科学家在 20 世纪 90 年代初研制成功，是利用常规的平面加工工艺 (光刻、腐蚀等) 在硅、玻璃上制作的。这种制作方法虽然非常精密，但不灵活且成本高，难以适应研究、开发和生产需求。G. M. Whitesides 等后来提出一种

"软光刻" 微加工方法，即在有机材料上印制、成型出微结构，从而能方便地加工原型器件和专用器件。另外，这个方法还能构建出三维微通道结构，并能在更高层次上控制微流体通道表面的分子结构。与宏观流体系统类似，微流体系统所需的器件也包括泵、阀、混合器、过滤器、分离器等。由于微通道中的流体流动行为与宏观流体流动行为有着本质的差别，微泵、微阀、微混合器、微过滤器、微分离器等微型器件往往都与相应的宏观器件差别甚大。

图 5.1　纳米结构放量合成装置

　　在前述研究结果的基础上，确定了两种具有良好的减反增透和自清洁效果，同时具有良好的机械强度和稳定性的涂料配方，分别进行了公

斤级、百公斤级到吨级的放量实验。实验结果表明，放量实验可以较好
地重复实验室小量合成的结果，所得纳米结构的形貌、结构和性能基本
保持一致。

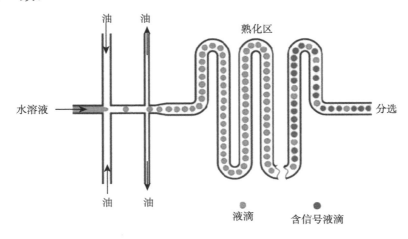

图 5.2   微流体技术示意图

5.2   涂层的大面积制备及其应用

采用由上述放量合成的纳米结构配制的镀膜液进行实验室小面积镀
膜，或者在镀膜生产线上进行连续镀膜实验 (图 5.3)，所得涂层均具有良
好的机械强度和稳定性，并具有良好的减反增透效果和自清洁效果。在
此基础上制备的太阳电池组件如图 5.4 所示。

事实上，涂层的大面积制作可采用不同的方法，如浸涂法、刮涂法、
辊涂法、喷涂法等。具体采用什么样的涂膜方法需要结合实际应用要求、
场景、施工、效率、成本综合考虑。浸涂法和刮涂法适合精度要求较高的
涂膜，辊涂法适合批量、连续化生产，而喷涂法则更适合现场、开放空间
涂膜。

图 5.3　典型镀膜生产线

图 5.4　制备的太阳电池组件

　　经过长时间 (近一年半) 放置的无自清洁减反增透涂层的太阳电池板表面容易覆盖灰尘，导致太阳电池的发电量下降，而有自清洁减反增透涂层的太阳电池板表面显著减少了灰尘覆盖 (图 5.5)。当模拟雨水冲刷时，有自清洁减反增透涂层的太阳电池板表面很容易清洁，而无自清洁减反增透涂层的太阳电池板表面则相对难以清洁 (图 5.6)。

图 5.5 长时间放置 (近一年半) 的太阳电池组件

左: 无涂层; 右: 有涂层

图 5.6 长时间放置 (近一年半) 的太阳电池组件用洗瓶滴水后

左: 无涂层; 右: 有涂层

第6章 总结和展望

本书介绍了自清洁增透薄膜的工作机理和设计原理，各种薄膜构筑模块的设计与合成 (包括 SiO_2、TiO_2 等实心粒子、类似覆盆子结构粒子、介孔粒子、特殊形貌介孔纳米粒子、阶层介孔粒子、空心粒子、双壳空心粒子、介孔空心粒子、特殊表面性质纳米粒子、纳米片、介孔纳米棒、介孔纳米线、有机/无机复合纳米粒子和无机/无机复合纳米粒子等纳米结构及其修饰结构) 及自清洁增透薄膜的设计与制备 (包括超亲水自清洁涂层、超疏水自清洁涂层、减反增透涂层、同时具有减反增透和超亲水自清洁的涂层、同时具备减反增透和超疏水自清洁的涂层及同时具备减反增透和超双疏自清洁的涂层)，讨论了克服光学性能 (减反增透性) 和表面润湿性能 (超亲水性或超疏水性或超双疏性) 难以同时提高的困难的途径。书中还介绍了薄膜/涂层结构与性能表征方法和仪器，包括透射率和反射率的测量方法和仪器，接触角、水滴铺展速度和滚动角等的测量方法和仪器，薄膜硬度、耐磨性、耐擦洗、耐冲击性能的测量方法和仪器；进一步指出通过调控前驱体溶液的组成 (酸催化溶胶、复合溶胶) 和采用合适的后处理方法 (热蒸气处理、钢化处理和化学气相沉积处理)，可以显著提高涂层的硬度、耐磨性、耐擦洗、耐沙冲击性能、耐水冲击性能及耐酸碱性能。

研究表明，氧化物纳米结构、涂层的厚度、阶层纳米结构、粗糙度等对涂层的表面润湿性和光传输性能具有重要影响。其中涂层的厚度、折射率、孔隙率、中空结构直接影响其透射率、反射率、最大透射率波长和最小反射率波长，低的折射率、高的孔隙率、中空结构、适当的涂层厚度和沿厚度方向的折射率分布是高透射率的保障。而阶层纳米结构、粗糙度和孔隙率则显著影响涂层的超亲水自清洁或超疏水或超双疏自清洁性能，合适的阶层纳米结构、较高的粗糙度和孔隙率是良好的超亲水自清洁和超疏水自清洁性能的前提。涂层吸附环境中的水分子会降低涂层的透射率，因此应采取措施防止涂层吸附环境中的水分子。涂层吸附环境中的有机成分可降低涂层表面能，使涂层逐渐失去超亲水自清洁性能。采用融合具有光催化功能的锐钛矿 TiO_2 纳米结构，在光照下可有效降解吸附的有机分子，恢复涂层表面的超亲水自清洁性能，实现长效超亲水自清洁减反增透性能。通过构筑 re-entrant 和 overhang 表面微/纳结构，可以实现减反增透超双疏性能。后处理可显著提高涂层的机械性能，例如，涂层的硬度、耐磨性、耐擦洗、耐沙冲击性能，但通常也会在一定程度上 (尽管很小) 影响涂层的光学性能 (透射率、反射率、最大透射率波长和最小反射率波长)。如何选择涂层的成分，设计和构筑涂层的阶层纳米结构，有效调控其折射率、孔隙率、中空结构、表面粗糙度、涂层厚度和表面能，对制备同时具有良好、长效的减反增透性和超亲水自清洁或超疏水自清洁性能的涂层至关重要。如同建筑用材料，合适的氧化物纳米结构则给涂层的构筑带来优异的可设计性。

展望未来，自清洁增透薄膜技术的实际应用以及与其他功能的复合以满足不同实际应用需求无疑是今后的重要发展方向。自清洁增透薄膜技术的实际应用需要着重解决薄膜/涂层的性能稳定性、机械强度、耐候性、制造成本和连续化批量生产等一系列问题。这方面需要研究人员特别关注自清洁增透薄膜技术应用中存在的工程化问题。有关与其他功能的复合，最近报道了一些有趣的进展。例如，在氧化硅空心球上包覆

TiO$_2$ 再包覆 VO$_2$ (图 6.1)，进一步通过浸涂成膜，制备了同时具有节能、增透和自清洁性能的涂层 [115]。

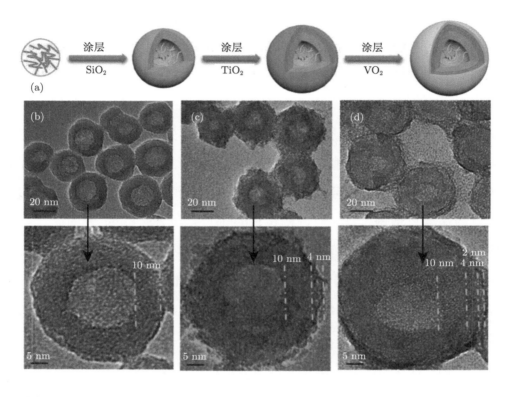

图 6.1　(a) SiO$_2$/TiO$_2$/VO$_2$ 三层空心球 (TLHNs) 形成示意图；(b) SiO$_2$ 空心球，(c) SiO$_2$-TiO$_2$ 两层空心球 (DLHNs) 和 (d) SiO$_2$/TiO$_2$/VO$_2$ TLHNs 的透射电子显微镜像

黑色箭头指向纳米粒子的放大像

该涂层在可见光范围内无论在高温还是低温均具有良好的透射率，而在红外范围内，当温度升高时，其红外透射率显著降低 (图 6.2(a))，当模拟太阳光的氙灯透过基片玻璃和镀膜玻璃照射在盛水的玻璃瓶上时，透过基片玻璃照射的盛水玻璃瓶的温度上升较快，而透过镀膜玻璃照射的盛水玻璃瓶的温度上升较慢，后者具有良好的增透和节能效果。

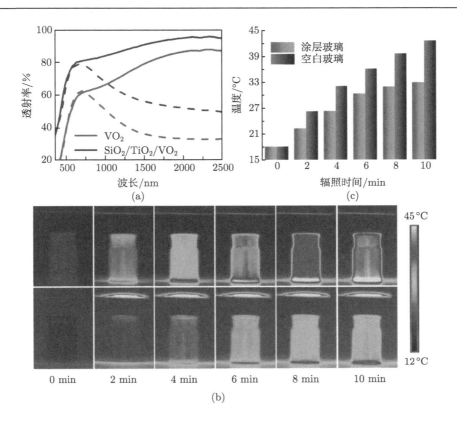

图 6.2　(a) VO$_2$ 涂层和 SiO$_2$/TiO$_2$/VO$_2$ TLHNs 涂层在低、高温的透射光谱，实线: 20 ℃，虚线: 100 ℃；(b) 采用红外相机拍摄的盛有 20 mL 去离子水的玻璃瓶的红外热成像，氙灯分别透过空白玻璃 (上) 和有 SiO$_2$/TiO$_2$/VO$_2$ TLHNs 涂层玻璃 (下) 照射到盛有 20 mL 去离子水的玻璃瓶上；(c) 基于空白玻璃和有 SiO$_2$/TiO$_2$/VO$_2$ TLHNs 涂层玻璃的热成像所得温度棒状图 (扫描封底二维码可看彩图)

　　上述涂层具有自清洁性能，在光照下可有效降解有机污染物，保持涂层表面的清洁和透射率 (图 6.3)。"原始"为原始涂膜玻璃的透射光谱，当涂膜玻璃被模拟污染物亚甲蓝污染后，透射率显著下降 (曲线 0 h)，而随着光照进行，透射率逐渐恢复 (曲线从 0.5 h 到 1 h 到 1.5 h 到 2 h)。

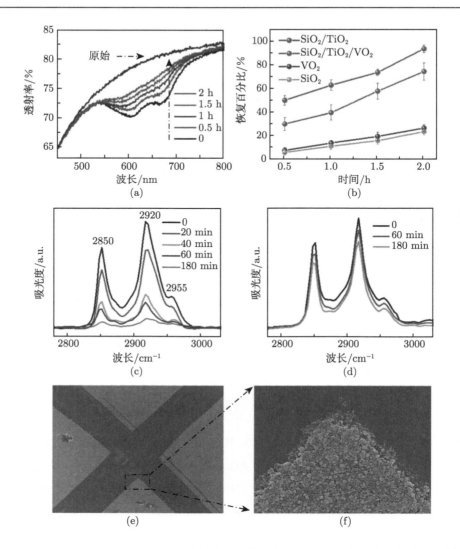

图 6.3　(a) SiO$_2$/TiO$_2$/VO$_2$ TLHNs 涂层上光催化降解亚甲蓝透射光谱随照光时间的变化；(b) 在紫外线照射下，随光催化降解亚甲蓝，SiO$_2$, VO$_2$, SiO$_2$/TiO$_2$ DLHN 和 SiO$_2$/TiO$_2$/VO$_2$ TLHNs 涂层透射光谱的百分恢复量；(c) 在紫外线照射下，覆有 STA 的 SiO$_2$/TiO$_2$/VO$_2$ TLHNs 涂层在不同光照时间的红外吸收光谱；(d) 在紫外线照射下，覆有 STA 的空白玻璃在不同光照时间的红外吸收光谱；(e) 经胶带黏附力测试后，SiO$_2$/TiO$_2$/VO$_2$ TLHNs 涂层的扫描电子显微镜像及其 (f) 放大像 (扫描封底二维码可看彩图)

又如我们最近报道了同时具有节能、防雾和自修复功能的长效多层薄膜 [116]。该多层薄膜由减反射层、热至变色层、保护层和防雾层组成 (图 6.4)。由于添加了增透层，其在可见光区具有良好的透射率。VO_2 热至变色层则赋予薄膜良好的节能效果，即在低温时具有较高的红外透射率，而在高温时红外透射率显著降低 (图 6.4(b))。最外层的防雾层不仅赋予薄膜防雾性能 (图 6.4(c))，而且该层在划伤后具有自修复功能，涂层表面可以完全恢复划伤前的原貌。

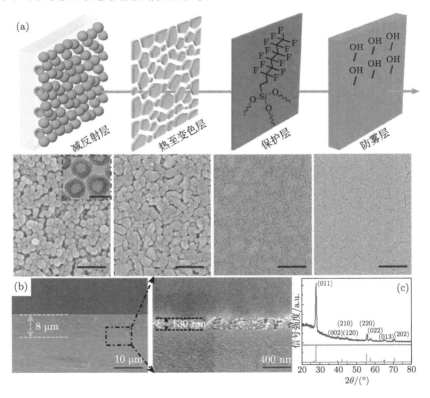

图 6.4 (a) HSi/V/FSi/P 多层涂层设计示意图及每步制备后对应的涂层的扫描电子显微镜顶视像，插图是 SiO_2 空心球的透射电子显微镜像，标尺：200 nm；(b) HSi/V/FSi/P 涂层横截面的扫描电子显微镜像及其放大像；(c) HSi/V 涂层的 GAXRD 图谱: 实验所得 HSi/V 涂层的 XRD 谱图 (上) 及 VO_2 的 M 相的标准 XRD 峰 (下)

多功能薄膜/涂层在能源、环境、建筑、车辆、飞机、舰船、电子器件和移动通信等领域具有广泛的应用，相信通过不断投入人力物力，大力发展多功能薄膜/涂层，在不久的将来不仅可以看到多种功能薄膜/涂层产品诞生，而且还能推动提升众多传统材料的性能，实现我国多种传统材料制造业的升级改造，为国民经济发展、国防建设及人民生活的改善做出积极贡献。

参 考 文 献

[1] 徐美君. 超白浮法玻璃市场消费及需求预测. 玻璃与搪瓷, 2005, 33(3): 58, 59.

[2] 徐美君. 太阳能玻璃开发应用与市场. 玻璃与搪瓷, 2006, 34: 57-60.

[3] Ribeiro T, Baleizão C, Farinha J. Functional films from silica/polymer nanoparticles. Materials, 2014, 7(5): 3881-3900.

[4] Buskens P, Burghoorn M, Mourad M C, Vroon Z. Antireflective coatings for glass and transparent polymers. Langmuir, 2016, 32(27): 6781-6793.

[5] Han Z W, Wang Z, Feng X M, Li B, Mu Z Z, Zhang J Q, Niu S C, Ren L Q. Antireflective surface inspired from biology: A review. Biosurface and Biotribology, 2016, 2(4): 137-150.

[6] Macleod H A. Thin-Film Optical Filters. Boca Baton: CRC Press, 2010.

[7] Minot M J. Single-layer, gradient refractive index antireflection films effective from 0.35 to 2.5μ. Journal of the Optical Society of America, 1976, 66(6): 515-519.

[8] Kim J K, Chhajed S, Schubert M F, Schubert E F, Fischer A J, Crawford M H, Cho J, Kim H, Sone C. Light-extraction enhancement of GaInN light-emitting diodes by graded-refractive-index indium tin oxide antireflection contact. Advanced Materials, 2008, 20(4): 801-804.

[9] Southwell W H. Gradient-index antireflection coatings. Optics Letters, 1983, 8(11): 584-586.

[10] Cailleteau C, Angeli F, Devreux F, Gin S, Jestin J, Jollivet P, Spalla O. Insight into silicate-glass corrosion mechanisms. Nature Materials, 2008, 7: 978.

[11] 李真一. 梯度折射率减反射光伏玻璃的研究. 青岛: 中国海洋大学, 2014.

[12] Clapham P B, Hutley M C. Reduction of lens reflexion by the "Moth Eye" principle. Nature, 1973, 244(5414): 281.

[13] Creath K, Brunner R, Deparnay A, Helgert M, Burkhardt M, Lohmüller T, Spatz J P. Product piracy from nature: Biomimetic microstructures and interfaces for high-performance optics. Proceedings of SPIE, 2008, 7057: 705705.

[14] Kuo W K, Hsu J J, Nien C K, Yu H H. Moth-eye-inspired biophotonic surfaces with antireflective and hydrophobic characteristics. ACS Applied Materials & Interfaces, 2016, 8(46): 32021.

[15] Li J, Zhu J, Gao X. Bio-inspired high-performance antireflection and antifogging polymer films. Small, 2014, 10(13): 2578.

[16] Stavenga D G, Foletti S, Palasantzas G, Arikawa K. Light on the moth-eye corneal nipple array of butterflies. Proceedings of the Royal Society B, 2006, 273(1587): 661.

[17] Deparis O, Khuzayim N, Parker A, Vigneron J P. Assessment of the antireflection property of moth wings by three-dimensional transfer-matrix optical simulations. Physical Review E, 2009, 79: 041910.

[18] Han Z, Mu Z, Li B, Wang Z, Zhang J, Niu S, Ren L. Active antifogging property of monolayer SiO_2 film with bioinspired multiscale hierarchical pagoda structures. ACS Nano, 2016, 10(9): 8591.

[19] Han Z, Niu S, Yang M, Mu Z, Li B, Zhang J, Ye J, Ren L. Unparalleled sensitivity of photonic structures in butterfly wings. RSC Advances, 2014, 4(85): 45214.

[20] Wang W, Zhang W, Fang X, Huang Y, Liu Q, Bai M, Zhang D. Omnidirectional light absorption of disordered nano-hole structure inspired from Papilio ulysses. Optics Letters, 2014, 39(14): 4208.

[21] Liu C, Ju J, Zheng Y, Jiang L. Asymmetric ratchet effect for directional transport of fog drops on static and dynamic butterfly wings. ACS Nano, 2014, 8(2): 1321.

[22] Huang J, Wang X, Wang Z L. Bio-inspired fabrication of antireflection nano-structures by replicating fly eyes. Nanotechnology, 2008, 19(2): 025602.

[23] Sun Z, Liao T, Liu K, Jiang L, Kim J H, Dou S X. Fly-eye inspired superhydrophobic anti-fogging inorganic nanostructures. Small, 2014, 10(15): 3001.

[24] Gao X, Yan X, Yao X, Xu L, Zhang K, Zhang J, Yang B, Jiang L. The dry-style antifogging properties of mosquito compound eyes and artificial analogues prepared by soft lithography. Advanced Materials, 2007, 19(17): 2213.

[25] Song Y, Liu Y, Jiang H, Zhang Y, Zhao J, Han Z, Ren L. Mosquito eyes inspired surfaces with robust antireflectivity and superhydrophobicity. Surface and Coatings Technology, 2017, 316: 85.

[26] Pogodin S, Hasan J, Baulin V A, Webb H K, Truong V K, Phong Nguyen T H, Boshkovikj V, Fluke C J, Watson G S, Watson J A, Crawford R J, Ivanova E P. Biophysical model of bacterial cell interactions with nanopatterned cicada wing surfaces. Biophysical Journal, 2013, 104(4): 835.

[27] Stoddart P R, Cadusch P J, Boyce T M, Erasmus R M, Comins J D. Optical properties of chitin: Surface-enhanced Raman scattering substrates based on antireflection structures on cicada wings. Nanotechnology, 2006, 17(3): 680.

[28] Watson G S, Myhra S, Cribb B W, Watson J A. Putative functions and functional efficiency of ordered cuticular nanoarrays on insect wings. Biophysical Journal, 2008, 94(8): 3352.

[29] Kryuchkov M, Lehmann J, Schaab J, Fiebig M, Katanaev V L. Antireflective nanocoatings for UV-sensation: The case of predatory owlfly insects. Journal of Nanobiotechnology, 2017, 15(1): 52.

[30] Bagge L E, Osborn K J, Johnsen S. Nanostructures and monolayers of spheres reduce surface reflections in hyperiid amphipods. Current Biology, 2016, 26(22): 3071.

[31] Cronin T W. Camouflage: Being invisible in the open ocean. Current Biology, 2016, 26(22): 1179.

[32] McCoy D E, Feo T, Harvey T A, Prum R O. Structural absorption by barbule microstructures of super black bird of paradise feathers. Nature Communications,

2018, 9(1): 1.

[33]   Blagodatski A, Kryuchkov M, Sergeev A, Klimov A A, Shcherbakov M R, Enin G A, Katanaev V L. Under- and over-water halves of Gyrinidæ beetle eyes harbor different corneal nanocoatings providing adaptation to the water and air environments. Scientific Reports, 2014, 4: 6004.

[34]   Liu K, Jiang L. Bio-inspired design of multiscale structures for function integration. Nano Today, 2011, 6(2): 155.

[35]   Han Z, Jiao Z, Niu S, Ren L. Ascendant bioinspired antireflective materials: Opportunities and challenges coexist. Progress in Materials Science, 2019, 103: 1.

[36]   Verma L K, Sakhuja M, Son J, Danner A J, Yang H, Zeng H C, Bhatia C S. Self-cleaning and antireflective packaging glass for solar modules. Renewable Energy, 2011, 36(9): 2489-2493.

[37]   Glaubitt W, Loebmann P. Antireflective coatings prepared by sol-gel processing: Principles and applications. Journal of the European Ceramic Society, 2012, 32(11): 2995-2999.

[38]   Ye X, Jiang X, Huang J, Geng F, Sun L, Zu X, Wu W, Zheng W. Formation of broadband antireflective and superhydrophilic subwavelength structures on fused silica using one-step self-masking reactive ion etching. Scientific Reports, 2015, 5: 13023.

[39]   Li T, He J, Zhang Y, Yao L, Ren T, Jin B. In situ formation of artificial moth-eye structure by spontaneous nanophase separation. Scientific Reports, 2018, 8: 1082.

[40]   Raut H K, Ganesh V A, Nair A S, Ramakrishna S. Anti-reflective coatings: A critical, in-depth review. Energy & Environmental Science, 2011, 4(10): 3779-3804.

[41]   Yao L, He J H. Antireflection and Self-cleaning Coatings: Principle, Fabrication and Application // Self-cleaning Coatings: Structure, Fabrication and Applica-

tion. edited by He J H. Cambridge: Royal Society of Chemistry, 2017: 193-244.

[42] Han Z, Mu Z, Li B, Niu S, Zhang J, Ren L. A high-transmission, multiple antireflective surface inspired from bilayer 3D ultrafine hierarchical structures in butterfly wing scales. Small, 2016, 12(6): 713-720.

[43] Guldin S, Kohn P, Stefik M, Song J, Divitini G, Ecarla F, Ducati C, Wiesner U, Steiner U. Self-cleaning antireflective optical coatings. Nano Letters, 2013, 13(11): 5329-5335.

[44] Yun J, Bae T S, Kwon J D, Lee S, Lee G H. Antireflective silica nanoparticle array directly deposited on flexible polymer substrates by chemical vapor deposition. Nanoscale, 2012, 4(22): 7221-7230.

[45] Yao L, He J H. Multifunctional Coatings for Solar Energy Applications // Nanomaterials in Energy and Environmental Applications. edited by He J H. Singapore: Pan Stanford Publishing, 2016: 1-87.

[46] Wang Y, Wang H, Meng X, Chen R. Antireflective films with Si-O-P linkages from aqueous colloidal silica: Preparation, formation mechanism and property. Solar Energy Materials and Solar Cells, 2014, 130: 71-82.

[47] Schirone L, Sotgiu G, Califano F P. Chemically etched porous silicon as an antireflection coating for high efficiency solar cells. Thin Solid Films, 1997, 297(1): 296-298.

[48] 肖尧. 纳米多孔二氧化硅光学功能薄膜的溶胶–凝胶法制备与性能研究. 杭州: 浙江大学, 2017.

[49] Tada H, Nagayama H. Chemical vapor surface modification of porous glass with fluoroalkyl-function alized silanes. 2. Resistance to water. Langmuir, 1995, 11 (1): 136-142.

[50] Shi H T, Qi L M, Ma J M, Wu N Z. Architectural control of hierarchical nanobelt superstructures in catanionic reverse micelles. Advanced Functional Materials, 2005, 15(3): 442-450.

[51] Johnston E, Bullock S, Uilk J, Gatenholm P, Wynne K J. Networks from alpha, omega-dihydroxypoly (dimethylsiloxane) and (tridecafluoro-1, 1, 2, 2-tetrahydrooctyl) triethoxysilane: Surface microstructures and surface characterization. Macromolecules, 1999, 32(24): 8173-8182.

[52] Rossier J S, Gokulrangan G, Girault H H, Svojanovsky S, Wilson G S. Characterization of protein adsorption and immunosorption kinetics in photoablated polymer microchannels. Langmuir, 2000, 16(22): 8489-8494.

[53] Hui M H, Blunt M J. Effects of wettability on three-phase flow in porous media. Journal of Physical Chemistry B, 2000, 104(16): 3833-3845.

[54] Critchley K, Zhang L X, Fukushima H, Ishida M, Shimoda T, Bushby R J, et al. Soft-UV photolithography using self-assembled monolayers. Journal of Physical Chemistry B, 2006, 110(34): 17167-17174.

[55] Vallet M, Berge B, Vovelle L. Electrowetting of water and aqueous solutions on poly (ethylene terephthalate) insulating films. Polymer, 1996, 37(12): 2465-2470.

[56] Durán I R, Laroche G. Water drop-surface interactions as the basis for the design of anti-fogging surfaces: Theory, practice, and applications trends. Advances in Colloid and Interface Science, 2019, 263: 68-94.

[57] Wenzel R N. Resisitance of solid surfaces to wetting by water. Industrial Engineering Chemistry, 1936, 28(8): 988-994.

[58] Cassie A B D, Baxter S. Wettability of porous surfaces. Transactions of the Faraday Society, 1944, 40: 546-551.

[59] Furmidge C G L. Studies at phase interfaces 1. The sliding of liquid drops on solid surfaces and a theory for spray retention. Journal of Colloid Science, 1962, 17: 309-324.

[60] Fujishima A, Honda K. Electrochemical photolysis of water at a semiconductor electrode. Nature, 1972, 238(S8): 37, 38.

[61] Frank S N, Bard A J. Heterogeneous photocatalytic oxidation of cyanide ion in aqueous-solutions at TiO_2 powder. Journal of the American Chemical Society,

1977, 99(1): 303, 304.

[62] Fujishima A, Zhang X T. Titanium dioxide photocatalysis: Present situation and future approaches. Comptes Rendus Chimie, 2006, 9(5-6): 750-760.

[63] Fujishima A, Zhang X, Tryk D A. TiO$_2$ photocatalysis and related surface phenomena. Surface Science Reports, 2008, 63(12): 515-582.

[64] Sakai N, Fujishima A, Watanabe T, Hashimoto K. Quantitative evaluation of the photoinduced hydrophilic conversion properties of TiO$_2$ thin film surfaces by the reciprocal of contact angle. Journal of Physical Chemistry B, 2003, 107(4): 1028-1035.

[65] Hashimoto K, Irie H, Fujishima A. TiO$_2$ photocatalysis: A historical overview and future prospects. Japanese Journal of Applied Physics Part 1—Regular Papers Brief Communications & Review Papers, 2005, 44(12): 8269-8285.

[66] Takeuchi M, Martra G, Coluccia S, Anpo M. Investigations of the structure of H$_2$O clusters adsorbed on TiO$_2$ surfaces by near-infrared absorption spectroscopy. Journal of Physical Chemistry B, 2005, 109(15): 7387-7391.

[67] Nakajima A, Fujishima A, Hashimoto K, Watanabe T. Preparation of transparent superhydrophobic boehmite and silica films by sublimation of aluminum acetylacetonate. Advanced Materials, 1999, 11(16): 1365-1368.

[68] Yu S, Guo Z, Liu W. Biomimetic transparent and superhydrophobic coatings: From nature and beyond nature. Chemical Communications, 2015, 51(10): 1775-1794.

[69] Cho K L, Liaw I I, Wu A H-F, Lamb R N. Influence of roughness on a transparent superhydrophobic coating. The Journal of Physical Chemistry C, 2010, 114: 11228-11233.

[70] Kerker M. The Scattering of Light and Other Electromagnetic Radiation. New York: Academic Press, 1969.

[71] Rahmawan Y, Xu L, Yang S. Self-assembly of nanostructures towards transparent, superhydrophobic surfaces. Journal of Materials Chemistry A, 2013, 1(9):

2955-2969.

[72] 杨班权, 陈光南, 张坤, 罗耕星, 肖京华. 涂层／基体材料界面结合强度测量方法的现状与展望. 力学进展, 2007, (1): 67-79.

[73] 高亮娟. 高透射率超疏水自清洁涂层制备新方法探索. 北京: 中国科学院理化技术研究所, 2013.

[74] Li X Y, Du X, He J H. Self-cleaning antireflective coatings assembled from peculiar mesoporous silica nanoparticles. Langmuir, 2010, 26(16): 13528-13534.

[75] Liu X M, He J H. Hierarchically structured superhydrophilic coatings fabricated by self-assembling raspberry-like silica nanospheres. Journal of Colloid and Interface Science, 2007, 314: 341-345.

[76] Du X, He J H. Facile size-controllable syntheses of highly monodisperse polystyrene nano- and microspheres by polyvinylpyrrolidone-mediated emulsifier-free emulsion polymerization. Journal of Applied Polymer Science, 2008, 108: 1755-1760.

[77] Liu X M, Du X, He J H. Hierarchically structured porous films of silica hollow spheres via layer-by-layer assembly and their superhydrophilic and antifogging properties. Chem. Phys. Chem., 2008, 9: 305-309.

[78] Du X, Liu X M, Chen H M, He J H. Facile fabrication of raspberry-like composite nanoparticles and their application as building blocks for constructing superhydrophilic coatings. J. Phys. Chem. C, 2009, 113: 9063-9070.

[79] Chen H M, He J H, Tang H M, Yan C X. Porous silica nanocapsules and nanospheres: Dynamic self-assembly synthesis and application in controlled release. Chem. Mater., 2008, 20: 5894-5900.

[80] Du X, He J H. Fine-tuning of silica nanosphere structure by simple regulation of the volume ratio of cosolvents. Langmuir, 2010, 26: 10057-10062.

[81] Du X, Qiao S Z. Dendritic silica particles with center-radial pore channels: Promising platforms for catalysis and biomedical applications. Small, 2015, 11: 392-413.

[82] Du X, Li X Y, Huang H W, He J H, Zhanga X J. Dendrimer-like hybrid particles with tunable hierarchical pores. Nanoscale, 2015, 7: 6173-6184.

[83] Du X, He J H. One-pot fabrication of noble-metal nanoparticles that are encapsulated in hollow silica nanospheres: Dual roles of poly (acrylic acid). Chem. Eur. J., 2011, 17: 8165-8174.

[84] Gao L J, He J H. Surface hydrophobic co-modification of hollow silica nanoparticles toward large-area transparent superhydrophobic coatings. Journal of Colloid and Interface Science, 2013, 396: 152-159.

[85] Zhang X T, Fujishima A, Jin M, Emeline A V, Murakami T. Double-layered TiO_2-SiO_2 nanostructured films with self-cleaning and antireflective properties. J. Phys. Chem. B, 2006, 110: 25142-25148.

[86] Lee D, Rubner M F, Cohen R E. All-nanoparticle thin-film coatings. Nano. Lett., 2006, 6(10): 2305-2312.

[87] 李晓禹. 自组装调控薄膜结构、润湿性和光学性质的研究. 北京: 中国科学院理化技术研究所, 2012.

[88] Lu Y, Ganguli R, Drewien C A, Anderson M T, Brinker C J, Gong W, Guo Y, Soyez H, Dunn B, Huang M H. Continuous formation of supported cubic and hexagonal mesoporous films by sol-gel dip-coating. Nature, 1997, 389: 364-368.

[89] Wan Y, Yu S H. Polyelectrolyte controlled large-scale synthesis of hollow silica spheres with tunable sizes and wall thicknesses. J. Phys. Chem. C, 2008, 112: 3641-3647.

[90] Zhang X, He J H. Antifogging antireflective thin films: Does the antifogging layer have to be the outmost layer? Chemical Communications, 2015, 51: 12661-12664.

[91] 耿志. 高强、超双疏、减反增透多功能涂层的制备与研究. 北京: 中国科学院理化技术研究所, 2016.

[92] Liu X M, He J H. Superhydrophilic and antireflective properties of silica nanoparticle coatings fabricated via layer-by-layer assembly and postcalcination. J. Phys. Chem. C, 2009, 113: 148-152.

[93] Li X Y, He J H. In situ assembly of raspberry- and mulberry-like silica nanospheres toward antireflective and antifogging coatings. ACS Appl. Mater. Interfaces, 2012, 4: 2204-2211.

[94] Du X, He J H. Hierarchically mesoporous silica nanoparticles: Extraction, amino-functionalization, and their multipurpose potentials. Langmuir, 2011, 27: 2972-2979.

[95] Xu L G, He J H. Antifogging and antireflection coatings fabricated by integrating solid and mesoporous silica nanoparticles without any post-treatments. ACS Appl. Mater. Interfaces, 2012, 4: 3293-3299.

[96] 许利刚, 李晓禹, 贺军辉. 层层自组装结合后处理制备耐磨超亲水增透纳米粒子涂层. 化学学报, 2011, 69(22): 2648-2652.

[97] 张志晖, 贺军辉, 杨巧文. 表面活性剂辅助酸催化溶胶-凝胶法制备高强度超亲水二氧化硅减反增透纳米粒子涂层. 应用化学, 2013, 30(7): 794-800.

[98] Li T, He J H, Yao L, Geng Z. Robust antifogging antireflective coatings on polymer substrates by hydrochloric acid vapor treatment. Journal of Colloid and Interface Science, 2015, 444: 67-73.

[99] 姚琳. 高强度、超亲水自清洁、减反增透多功能薄膜的制备与研究. 北京：中国科学院理化技术研究所, 2015.

[100] 高亮娟, 何溥, 李晓禹, 贺军辉. 喷涂法构筑二氧化硅纳米粒子涂层及其光学和润湿性质. 影像科学与光化学, 2012, 30(4): 260-268.

[101] Xu L G, He J H. A novel precursor-derived one-step growth approach to fabrication of highly antireflective, mechanically robust and self-healing nanoporous silica thin films. J. Mater. Chem. C, 2013, 1: 4655-4662.

[102] Du X, He J H. Structurally colored surfaces with antireflective, self-cleaning, and antifogging properties. Journal of Colloid and Interface Science, 2012, 381: 189-197.

[103] Yao L, He J H. Multifunctional surfaces with outstanding mechanical stability on glass substrates by simple H_2SiF_6-based vapor etching. Langmuir, 2013, 29:

3089-3096.

[104] Yao L, He J H. Broadband antireflective superhydrophilic thin films with out-standing mechanical stability on glass substrates. Chin. J. Chem., 2014, 32: 507-512.

[105] Li X Y, He J H. Synthesis of raspberry-like SiO_2-TiO_2 nanoparticles toward antireflective and self-cleaning coatings. Appl. Mater. Interfaces, 2013, 5: 5282-5290.

[106] Yao L, He J H. Facile dip-coating approach to fabrication of mechanically robust hybrid thin films with high transmittance and durable superhydrophilicity. J. Mater. Chem. A, 2014, 2: 6994-7003.

[107] Xu L G, He J H, Yao L. Fabrication of mechanically robust films with high trans-mittance and durable superhydrophilicity by precursor-derived one-step growth and posttreatment. J. Mater. Chem. A, 2014, 2: 402-409.

[108] Li X Y, He J H, Liu W Y. Broadband anti-reflective and water-repellent coat-ings on glass substrates for self-cleaning photovoltaic cells. Materials Research Bulletin, 2013, 48: 2522-2528.

[109] Du X, Li X Y, He J H. Facile fabrication of hierarchically structured silica coat-ings from hierarchically mesoporous silica nanoparticles and their excellent su-perhydrophilicity and superhydrophobicity. Appl. Mater. Interfaces, 2010, 2: 2365-2372.

[110] Xu L G, Gao L J, He J H. Fabrication of visible/near-IR antireflective and super-hydrophobic coatings from hydrophobically modified hollow silica nanoparticles and poly(methyl methacrylate). RSC Advances, 2012, 2: 12764-12769.

[111] Gao L J, He J H. A facile dip-coating approach based on three silica sols to fabrication of broadband antireflective superhydrophobic coatings. Journal of Colloid and Interface Science, 2013, 400: 24-30.

[112] Geng Z, He J H, Xu L G, Yao L. Rational design and elaborate construction of surface nano-structures toward highly antireflective superamphiphobic coatings.

J. Mater. Chem. A, 2013, 1: 8721-8724.

[113]   Xu L G, Geng Z, He J H, Zhou G. Mechanically robust, thermally stable, broad-band antireflective, and superhydrophobic thin films on glass substrates. ACS Appl. Mater. Interfaces, 2014, 6: 9029-9035.

[114]   Geng Z, He J H. An effective method to significantly enhance the robustness and adhesion-to-substrate of high transmittance superamphiphobic silica thin films. J. Mater. Chem. A, 2014, 2: 16601-16607.

[115]   Yao L, Qu Z, Pang Z L, Li J, Tang S Y, He J H, Feng L L. Three-layered hollow nanospheres based coatings with ultrahigh-performance of energy-saving, antireflection, and self-cleaning for smart windows. Small, 2018: 1801661.

[116]   Yao L, Qu Z, Sun R, Pang Z L, Wang Y, Jin B B, He J H. Long-lived multilayer coatings for smart windows: Integration of energy-saving, antifogging, and self-healing functions. ACS Appl. Energy Mater., 2019, 2: 7467-7473.

附录 A 部分化学试剂的分子结构

聚二烯丙基二甲基氯化铵 (PDDA)

聚苯乙烯磺酸钠 (PSS)

四乙氧基硅烷 (TEOS)

氟硅烷(1H, 1H, 2H, 2H-perfluoro octyltriethoxysilane, POTS)

钛酸四异丙酯 (TIPT)

六甲基二硅氮烷 (HMDS)

附录 B　常用仪器设备

B.1　常用制备仪器设备

等离子清洗机

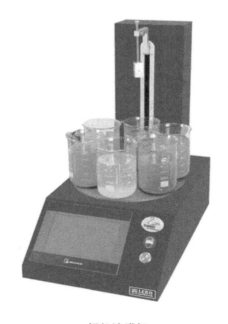

提拉涂膜机

均胶机 (旋转涂膜机)

刮涂机

烤片机

石英晶体微天平

B.2   常用表征仪器设备

场发射扫描电子显微镜

场发射透射电子显微镜

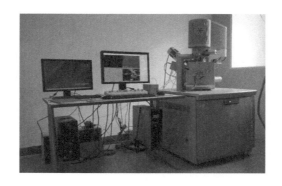

环境扫描电子显微镜

扫描探针显微镜

多晶 X 射线衍射仪

X 射线光电子能谱仪

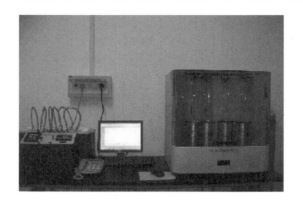

比表面及孔隙度分析仪

B.3   常用性能测试仪器设备

紫外可见近红外分光光度计

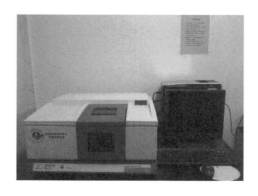

傅里叶变换红外光谱仪

铅笔硬度计

耐磨测试仪

耐擦洗测试仪

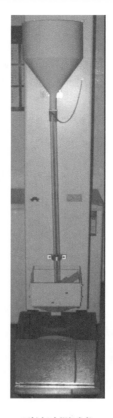

耐沙冲测试仪

接触角测量仪